Yawo Akrodou

Papel do polimorfismo dos genes CYP2A6 no tratamento da dependência da nicotina

Yawo Akrodou

Papel do polimorfismo dos genes CYP2A6 no tratamento da dependência da nicotina

ScienciaScripts

Imprint

Cover image: www.ingimage.com

This book is a translation from the original published under ISBN 978-3-659-82979-6.

Publisher:
Sciencia Scripts
is a trademark of
Dodo Books Indian Ocean Ltd. and OmniScriptum S.R.L publishing group

120 High Road, East Finchley, London, N2 9ED, United Kingdom
Str. Armeneasca 28/1, office 1, Chisinau MD-2012, Republic of Moldova, Europe
Printed at: see last page
ISBN: 978-620-8-17359-3

Índice:

Capítulo 1 6

Capítulo 2 16

Capítulo 3 30

Capítulo 4 36

Capítulo 5 48

Papel do polimorfismo *do* gene *CYP2A6* no tratamento de Dependência de nicotina

Dedicação

Esta dissertação é dedicada a todas as pessoas que sofrem de dependência da nicotina e a todos os líderes passados, actuais e futuros da investigação clínica e do tratamento da dependência de substâncias, pela sua dedicação em conseguir um tratamento personalizado utilizando informação genética.

Agradecimentos

Permitam-me que manifeste o meu sincero agradecimento, com grande honra e alegria, a todos os que me apoiaram na conclusão deste projeto. Estou grato ao Dr. Peter Anderson, à Dra. Sandra Ramussen e ao Dr. Roland Thorpe pela sua ajuda. Gostaria de aproveitar esta oportunidade para agradecer ao Dr. Luning Hao e aos seus colaboradores nos Institutos Nacionais de Saúde (NIH) por todo o seu apoio na manipulação e processamento de dados. Estou grato a todos os que me apoiaram nesta viagem emocionante. Por último, os meus agradecimentos muito especiais à minha família.

Resumo

As terapias existentes para a dependência da nicotina diminuíram a prevalência do tabagismo nos Estados Unidos, mas o declínio do número de fumadores adultos está a estagnar, devido, em parte, às terapias actuais que carecem de personalização do tratamento. Sabe-se que as variantes do gene do citocromo P450 *2A6 (CYP2A6)* metabolizam a nicotina e possivelmente influenciam o tratamento da dependência da nicotina. A informação inconsistente destes genes, a variabilidade interindividual, as interações com outros genes e os factores ambientais têm dificultado a utilização da sua informação para melhorar a terapia da dependência da nicotina. Este estudo transversal, baseado na teoria genética comportamental, segundo a qual os factores ambientais e genéticos causam distúrbios comportamentais, avaliou o impacto das variantes dos genes dos metabolizadores lentos da nicotina (*CYP2A6*1H, CYP2A6*4A, CYP2A6*9* e *CYP2A6*12A*) e dos metabolizadores normais (rápidos) da nicotina (*CYP2A6*1A*) e as suas interações com o *CYP2B6*6* associadas ao tipo de terapêutica com nicotina e às síndromes de dependência e abstinência da nicotina na dependência da nicotina. Os resultados mostraram que *CYP2A6*4A* (*OR* = 1,60, IC [1,13-1,95]; $p < 0{,}001$) e *CYP2A6*9A* (*OR* = 1,47, IC [1,18-1,88]; $p < 0.001$) foram os mais associados às maiores razões de chances de sucesso no tratamento da dependência de nicotina, indicando que os portadores de metabolizadores lentos de nicotina tinham maior probabilidade de manter a abstinência 6 meses após o período de tratamento do que os portadores de metabolizadores normais (rápidos) *CYP2A6*1A* (*OR* = 1,35, 95% CI[1,11-1,70] ; $p <$ 0,003). Os resultados do estudo podem ser úteis no aconselhamento genético e na terapia genética da nicotina para adaptar tratamentos clínicos individualizados com nicotina, para aumentar as taxas de abandono do tabagismo e para induzir mudanças sociais positivas, melhorando a vida dos fumadores e das suas famílias.

Capítulo 1

Introdução ao estudo

Introdução

A prevalência da dependência da nicotina e das doenças relacionadas e as correspondentes taxas de mortalidade e morbilidade continuam a ser elevadas em todo o mundo. No entanto, ainda não foram identificadas terapias sistemáticas para a dependência da nicotina que possam proporcionar uma cura a longo prazo. Atualmente, não existem provas suficientes para demonstrar que uma terapia específica para a nicotina proporciona uma abstinência bem sucedida a longo prazo (Hajek, Stead, West, Jarvis, & Lancaster, 2009). As terapias cognitivas, comportamentais e farmacológicas não permitem adaptar os tratamentos à nicotina com base na composição genética individual, o que limita a sua eficácia para proporcionar a abstinência a longo prazo (Kortmann, Dobler, Bizarro, & Bau, 2010). No seu estudo, Foulds (2006) afirmou que

> Oito farmacoterapias actuais - bupropiona, nortriptilina, clonidina e adesivo de nicotina, goma, inalador, pastilha e spray nasal - são auxiliares moderadamente eficazes para deixar de fumar. Cada um é significativamente melhor do que o placebo, mas cerca de 80% dos doentes que utilizam um destes medicamentos voltam a fumar no primeiro ano. (p. 1)

Esta afirmação confirma as limitações das terapias tradicionais, que proporcionam apenas um alívio temporário e não permitem um tratamento individualizado. De facto, as evidências dos estudos de hereditariedade genética associaram o desejo, a abstinência e as síndromes de dependência da nicotina à suscetibilidade genética. Lerman, Schnoll, & Manufo (2007) afirmaram: "As diferenças individuais na propensão para a dependência da nicotina parecem ser mediadas, em parte, por factores genéticos." (p. 1). Este ponto de vista é apoiado pelos resultados de estudos de gémeos, de adoção e de ligação genética, que sustentam a forte contribuição de factores genéticos para o desenvolvimento da dependência da nicotina. Consequentemente, esta forte contribuição genética para a dependência da nicotina é parte da dificuldade que contribui para a incapacidade de desenvolver terapias eficazes para tratar os pacientes que sofrem de dependência da nicotina devido à sua suscetibilidade biológica ao consumo de nicotina (Anderson, Jorenby, Scott, & Fiore, 2002). Por conseguinte, a dependência da nicotina continua a ser a principal causa de morte prematura evitável e de problemas sociais, económicos e de saúde crónicos (Murray, 2006).

Segundo a Organização Mundial de Saúde (OMS), mais de 6 milhões de pessoas morrem todos os anos devido ao tabagismo (OMS, 2012). Nos Estados Unidos, a prevalência do tabagismo é de 20%, e mais de 26% dos ataques cardíacos, 12% a 19% dos acidentes vasculares cerebrais e 400 mil mortes são atribuíveis ao tabagismo e às doenças relacionadas com a nicotina todos os anos (Centers for Disease Control and Prevention [CDC], 2011). Além disso, as despesas com o tratamento de doenças relacionadas com a nicotina e as perdas de horas de trabalho devido a incapacidades dependentes da nicotina custam mais de 176 mil milhões de dólares por ano (CDC, 2007). Tendo em conta estes consideráveis problemas de saúde e socioeconómicos relacionados com a dependência da nicotina, o sucesso das terapias de tratamento da dependência da nicotina é bastante limitado, o que justifica a necessidade de procurar tratamentos mais direcionados para a dependência da nicotina, adaptados às necessidades individuais de tratamento.

Atualmente, a procura de um tratamento novo e orientado para a dependência da nicotina centra-se em estratégias de tratamento que integrem informações relevantes sobre as variantes dos genes da nicotina para utilização em diagnósticos e prognósticos (Xian, Scherrer, Eisen, Lyons, & Tsuan, 2007). Atualmente, os genes candidatos da nicotina mais estudados e mais conhecidos são os polimorfismos do citocromo P450 2A6 (*CYP2A6)*, que são as principais enzimas metabolizadoras da nicotina que afectam a farmacocinética e a farmacodinâmica da nicotina. Estudos *in vivo* e *in vitro* demonstraram que cerca de 70% a 80% da nicotina é metabolizada em cotinina e quase 90% da reação metabólica da nicotina é mediada pela enzima hepática produzida pelas variantes *do CYP2A6* (Hukkanen, Jacob, & Benowitz, 2005). Além disso, as variantes *do CYP2A6* têm uma propensão para inibir ou ativar a dependência da nicotina, o que ilustra o seu potencial clínico para melhorar o tratamento da dependência da nicotina. Embora as evidências tenham apoiado uma associação significativa das variantes *do CYP2A6* com o metabolismo da nicotina e a sua função biológica útil na prática clínica, é difícil traduzir a informação sobre *o CYP2A6* em estratégias de tratamento clínico viáveis (Kortmann et al., 2010) devido a uma lacuna de conhecimentos sobre a forma de fundamentar os benefícios para a saúde destes genes da nicotina, precisamente em correlação com outros factores de risco da dependência da nicotina.

Antecedentes

A descoberta da associação dos produtos químicos do tabaco com cancros e outras doenças pulmonares levou os profissionais de saúde a começar a procurar uma forma de prevenir e encontrar uma cura para a dependência da nicotina. Na década de 1950, Doll e Bradford descobriram que a taxa de mortalidade por cancro do pulmão entre os fumadores era cerca de 20 vezes superior à dos não fumadores em Inglaterra (Medical Research Council [MRC], 2013). Um estudo semelhante foi realizado nos Estados Unidos no mesmo período, quando os epidemiologistas Hammond e Horn, que acompanharam 188 mil consumidores de tabaco durante 3 anos e 8 meses, perceberam que a maioria das mortes no seu estudo estava relacionada com o cancro do pulmão (Schneider, 2006). Desde então, os institutos de saúde em Inglaterra e nos Estados Unidos colocaram a cessação e o tratamento da nicotina entre as suas principais prioridades em matéria de saúde pública. Atualmente, a dependência da nicotina é definida como uma perturbação psiquiátrica e mental e é-lhe atribuído o código F17.2 no manual da Classificação Estatística Internacional de Doenças e Problemas Relacionados com a Saúde, 10ª Divisão (Schneider, 2006).

As terapias para a dependência da nicotina incluem a terapia cognitivo-comportamental, que utiliza técnicas de aconselhamento e motivação, e a farmacoterapia, que utiliza medicamentos; as duas formas de terapia são geralmente utilizadas em conjunto. Os principais fármacos atualmente autorizados pela Food and Drug Administration (FDA) nos Estados Unidos e no Health Canada são a terapia de substituição da nicotina (NRT), a bupropiona e a vareniclina (Kortmann et al., 2010). Existem também diversos instrumentos para medir, testar e diagnosticar quantitativamente a dependência da nicotina e a perturbação do comportamento tabágico: (a) o Fagerstrom Test of Nicotine Dependence (FTND; Piper et al, 2008), (b) os critérios *do Manual de Diagnóstico e Estatística* [DSM- IV] (Mezzich, 2002) e duas medições multidimensionais da dependência do tabaco recentemente concebidas, (c) a Escala da Síndrome de Dependência da Nicotina (NDSS; Shiffman, Waters, & Hickcox, 2004) e (d) o Inventário Wisconsin de Motivos de Dependência do Tabagismo (WISDM; Piper et al., 2004). Estes instrumentos avaliam diferentes aspectos da dependência da nicotina, uma vez que se baseiam em diferentes factores sociais, ambientais e psicológicos; todos têm métodos de cálculo adequados (Piper et al., 2008). As funções destes instrumentos são analisadas em pormenor no Capítulo 3.

Para além destes dispositivos de medição da dependência da nicotina, os testes e perfis genéticos - que consistem no rastreio de genes para detetar genes defeituosos, mutantes e potenciais genes de saúde que podem predispor ou proteger os indivíduos da dependência da nicotina - são outros métodos utilizados no diagnóstico e tratamento da dependência da nicotina. Os testes genéticos são utilizados essencialmente na prevenção da dependência da nicotina; por exemplo, os resultados dos testes genéticos servem para informar as pessoas que podem estar geneticamente predispostas à dependência da nicotina para deixarem de fumar (Khoury, Brownian, & Gwinn, 2010). Além disso, a descoberta da influência de factores genéticos no desenvolvimento e tratamento da dependência da nicotina gerou a noção de personalização do tratamento, um conceito que utiliza informações sobre variantes genéticas para maximizar a eficácia de um tratamento baseado na constituição genética do paciente (Harrison, 2011), como apoio a terapias anteriores.

No entanto, o processo de utilização de variantes genéticas no tratamento individualizado apresenta muitas dificuldades, incluindo a replicação mal sucedida de informações sobre variantes genéticas devido a uma conceção de estudo deficiente, análise estatística inadequada, amostragem inadequada e a complexidade do desenvolvimento de doenças multigénicas. No entanto, o desenvolvimento das tecnologias genéticas e os estudos genómicos permitem identificar, caraterizar e codificar as sequências de ADN dos genes da nicotina e compreender como as estruturas e as sequências funcionais dos genes estão associadas à etiologia da dependência da nicotina (Cohen, 2008), lançando as bases para uma nova abordagem à conceção de uma terapêutica que utilize a informação sobre as variantes genéticas.

Entre os candidatos a genes da nicotina atualmente identificados, o gene *CYP2A6* é o mais estudado, tendo-se verificado que é o principal responsável pelo metabolismo, absorção, distribuição e depuração da nicotina (Mroziewicz & Tyndale, 2010). O gene *CYP2A6* está localizado no braço longo do cromossoma 19 (Sim, 2012). *O CYP2A6* pertence à família de genes conhecida como citocromo P450, que possui um sistema de oxidase de função mista e está envolvido no metabolismo de xenobióticos no organismo. As variantes *do CYP2A6* têm propriedades que induzem ou inibem a nicotina de acordo com a sua função estrutural (Ho et al., 2010) e, por conseguinte, é colocada a hipótese de potenciarem ou alterarem o tratamento da dependência da nicotina.

Atualmente, os objectivos de investigação da farmacogenética e da farmacogenómica consistem em traduzir para a prática clínica as funções relevantes dos polimorfismos do *CYP2A6*, que convertem variavelmente a nicotina em cotinina a 78%, a qual é posteriormente transformada em trans-3-hidroxicotinina (3HC; Ho & Tyndale, 2008). A avaliação das actividades enzimáticas *do CYP2A6* em experiências *in vitro* e *in vivo* demonstrou que os polimorfismos *do CYP2A6* podem alterar ou melhorar a farmacocinética da nicotina, de acordo com a sua estrutura (deletada/diminuída ou função completa), confirmando assim a sua propensão para predispor ou proteger os indivíduos da dependência da nicotina

(Mroziewicz & Tyndale, 2010). Por exemplo, a variante *CYP2A6*2* é um alelo deletado e não pode ser incorporado; portanto, é inativo e não pode metabolizar a nicotina (Margret, 2008). Consequentemente, os portadores da *CYP2A6*2* são maus metabolizadores da nicotina e fumam menos. Ho (2011) referiu que, numa experiência *in vitro*, os microssomas hepáticos humanos sondados com proteína imunorreactiva tinham correlacionado significativamente as actividades enzimáticas *do CYP2A6* com a taxa de atividade de oxidação C da nicotina (r = 0,60-0,94) e apresentavam 88% de variabilidade na produção de proteínas (quando se consideravam as actividades de cada alelo *do CYP2A6*).

Num estudo *in vivo*, Yamanaka et al. (2004) verificaram que, após a administração de nicotina a pessoas portadoras de alelos totalmente funcionais do *CYP2A6*, estas apresentavam uma pequena quantidade de nicotina inalterada excretada e de cotinina N-glucuronídeo. Esta quantidade representava 25%-30% dos metabolitos urinários excretados. Encontraram também uma quantidade elevada de metabolitos derivados da nicotina e da cotinina, que representavam 58%-67% dos metabolitos urinários excretados, o que demonstra que os indivíduos eram metabolizadores normais da nicotina, susceptíveis de se tornarem dependentes da nicotina.

Consequentemente, cada alelo *CYP2A6* foi classificado de acordo com as suas actividades enzimáticas. Estas foram comprovadas em experiências *in vitro* como perda de função (atividade enzimática do alelo inferior a 50%), diminuição da função (atividade enzimática *do CYP2A6*4* inferior a 75%) ou totalmente funcional (tipo selvagem *do CYP2A6*, 100% enzimático).

Além disso, a correlação dos alelos *do CYP2A6* com a taxa de produção do seu marcador 3HC/COT permitiu determinar o fenótipo do fumador (Benowitz et al., 2006). Assim, estas diferentes actividades enzimáticas dos alelos *do CYP2A6* permitiram categorizar os indivíduos fumadores em três grupos de genótipos *do CYP2A6*: metabolizador lento da nicotina (pessoas que fumam menos), metabolizador intermédio da nicotina (fumadores moderados) e metabolizadores normais (fumadores pesados; Benowitz et al., 2006), mostrando uma extrema variabilidade interindividual no comportamento tabágico.

Além disso, os resultados de ensaios clínicos mostraram que os indivíduos que eram portadores de variantes *do CYP2A6* com taxas de atividade da função enzimática diminuídas e uma baixa relação de produção de 3HC/COT entre os utilizadores de bupropiona tinham as taxas de cessação mais elevadas, 32%, em comparação com os indivíduos com actividades normais *do* alelo *CYP2A6* e uma elevada relação de produção de 3HC/COT, que tinham apenas uma taxa de cessação de 10% no final de um tratamento de 6 meses (Patterson et al., 2008). No entanto, estes resultados não são conclusivos e ainda não podem ser generalizados ou utilizados na prática clínica, uma vez que existem muitos factores internos e externos que influenciam estas actividades genéticas (Ho et al., 2010; Kortmann et al., 2010). Exemplos desses factores são a idade, a raça, o sexo, a dieta, a doença e outros genes que inibem ou activam a função *do CYP2A6*, diminuindo ou ampliando as suas actividades enzimáticas.

O fator idade tem impacto no volume de ingestão, distribuição e depuração da nicotina, mas não está relacionado com as actividades do gene *CYP2A6*, o que pode representar um fator de confusão relevante na determinação dos benefícios para a saúde das variantes *do CYP2A6*. O volume de distribuição e depuração da nicotina é 23% mais lento em doentes com 65 anos ou mais, em comparação com uma taxa de 49% de distribuição e depuração renal da nicotina na população mais jovem (Hukkanen, Jacob, & Benowitz, 2005). A diferença no metabolismo da nicotina entre os sexos tem sido associada a actividades variantes *do CYP2A6*. O metabolismo e a depuração da nicotina são 20 vezes mais elevados nas mulheres do que nos homens, e a taxa de metabolismo aumenta nas mulheres durante a gravidez ou quando utilizam hormonas estrogénicas. A dieta também afecta a farmacocinética do metabolismo da nicotina. O sumo de toranja e o mentol nos cigarros inibiram o efeito da *CYP2A6* numa experiência *in vivo* (MacDougall et al., 2003). As condições patológicas do fígado também reduzem para metade o metabolismo da nicotina e as taxas de depuração renal. Os doentes com doença hepática alcoólica e hepatite viral têm metabolismos mais lentos devido à redução do metabolismo das cumarinas (Hukkanen et al., 2005). A diferença nas frequências dos alelos *CYP2A6* por raça/etnia afecta a taxa de metabolismo da nicotina. De acordo com Mwenifumbo e Tyndale (2007), as principais variantes genéticas lentas e normais do metabolizador da nicotina *CYP2A6* ocorreram em diferentes frequências entre raças/etnias que apresentavam diferentes padrões de tabagismo. Por conseguinte, sugeriram que a frequência dos alelos *do CYP2A6* por raça/etnia está correlacionada com o nível das actividades enzimáticas das variantes genéticas.

Também se supõe que *o CYP2A6* interage com outros genes. O citocromo P450 CYP 2B6 (*CYP2B6)* é conhecido como um candidato a gene da nicotina que interage com o *CYP2A6*. O citocromo *P450 2B6* é uma enzima que está envolvida no metabolismo da nicotina e de outras substâncias, como os fármacos, e pertence ao grupo de enzimas do citocromo P450 que é codificado no corpo humano pelas variantes genéticas *CYP2BA6* (Centro Nacional de Informação Biotecnológica [NCBI], 2012). Os genes *CYP2B6* e

CYP2B7 encontram-se no meio de um grande grupo de citocromo P450 das subfamílias *CYP2A*, *CYP2B* e *CYP2F* no cromossoma 19q (NCBI, 2012). O facto de *o CYP2B6* se encontrar próximo do *CYP2A6* sugere que podem interagir no metabolismo da nicotina. Atualmente, há indícios de que algumas das suas variantes estão envolvidas no metabolismo de fármacos da nicotina, como a bupropiona.

Por exemplo, os fumadores que eram portadores da forma homozigótica das variantes genéticas *CYP2B6*6 e* das variantes genéticas lentas metabolizadoras *do CYP2A6* e que utilizavam bupropiona tinham mais probabilidades de experimentar uma abstinência mais longa, com uma duração de 6 meses a um ano, do que os fumadores que utilizavam um placebo e que eram portadores de um haplótipo do *CYP2B6*6* (Lee et al., 2007). Ring e Valdez (2007) verificaram que o haplótipo *CYP2B6* com as variantes K262R e Q127H pode interagir com o *CYP2A6* ($p < 0{,}002$ e 0,003, respetivamente, para a depuração da nicotina). Por conseguinte, os autores concluíram que o gene *CYP2A6* pode interagir com as variantes *do CYP2B6*. No entanto, propuseram a replicação desses estudos para fornecer dados mais convincentes.

Embora estudos anteriores tenham abordado a associação das variantes *do CYP2A6* com o impacto do metabolismo da nicotina na farmacogenética da nicotina e os factores que modificam as suas actividades, há falta de informação sobre a medida em que as variantes *do CYP2A6* se correlacionam com outros factores de risco, como a dependência da nicotina e as síndromes de abstinência, para influenciar os resultados do tratamento da dependência da nicotina. Por conseguinte, o objetivo do presente estudo é explorar os benefícios para a saúde das variantes principais *do CYP2A6* (alelos lentos e normais), examinando o impacto da sua relação de correlação (associação) com factores de risco da dependência da nicotina, como a dependência da nicotina e as síndromes de abstinência, o tipo de terapia (bupropiona ou NRT) e as suas interações com o *CYP2B6*6* nos resultados do tratamento da nicotina (Kortmann et al., 2010; Uhl et al., 2008). Os resultados deste estudo podem fornecer conhecimentos adicionais para ajudar os clínicos no diagnóstico e prognóstico da dependência da nicotina e os profissionais de saúde na legislação e na elaboração de políticas.

Declaração do problema

Atualmente, é difícil definir e conseguir um tratamento bem sucedido da dependência da nicotina, uma vez que as pessoas que se submetem a tratamentos com uma duração de 6 meses a 1 ano têm múltiplas recaídas e apenas uma pequena percentagem consegue uma abstinência relativamente prolongada. Munafo, Clark, Johnstone, Murphy e Walton (2004) sugeriram que os tratamentos farmacológicos para a dependência da nicotina se têm revelado eficazes quando administrados em combinação com a terapia cognitivo-comportamental; no entanto, as taxas de abandono do vício permanecem geralmente baixas, entre 10% e 20%. Para além disso, os programas clássicos de tratamento da dependência da nicotina - terapia cognitivo-comportamental, terapia farmacológica - estão enraizados num paradigma de "tamanho único" e não podem ser prontamente adaptados às necessidades únicas dos pacientes com base nas suas constelações de caraterísticas comportamentais, biológicas e clínicas (Cohen, 2008).

Munafo et al. (2004) propuseram que a única possibilidade de aumentar e melhorar o tratamento da dependência da nicotina é oferecer tratamentos adaptados ao genótipo do indivíduo, o que continua a ser difícil de conseguir devido à falta de identificação e caraterização claras do valor clínico das variantes genéticas da nicotina.

Até à data, a determinação exacta do impacto das variantes genéticas na etiologia da dependência da nicotina e a utilização da sua função na terapia continua a ser uma tarefa difícil. Na sua revisão da literatura, Kortmann et al. (2010) referiram que tinham sido efectuados mais de 30 estudos de candidatos a genes da nicotina e um estudo de associação do genoma (GWAS) para gerar provas científicas sobre a implicação dos candidatos a genes da nicotina na etiologia e na terapêutica da dependência da nicotina. Os autores indicaram que relativamente poucos destes genes foram considerados como tendo um benefício para a saúde e uma forte influência associativa no desenvolvimento da dependência da nicotina. O seu papel terapêutico na prevenção e no tratamento da dependência da nicotina tem sido hipotético e pouco claro, devido à variabilidade da amostragem e à potencial confusão resultante dos efeitos de outros genes, dos comportamentos tabágicos e dos factores ambientais (Mwenifumbo & Tyndale, 2007). Além disso, mesmo para os genes que foram identificados por mais de um estudo, os alelos causadores diferiram no tamanho e na direção do efeito, tornando difícil traduzir as suas funções em tecnologias de diagnóstico que possam informar de forma económica e fiável os programas de prevenção e tratamento (Seller, Tyndale, & Fernandes, 2003).

Objetivo do estudo

O objetivo deste estudo transversal foi avaliar o impacto das associações das principais variantes *do* gene *CYP2A6*, da dependência da nicotina e da síndrome de abstinência, da variante do gene *CYP2B6*6* e do tipo de terapia no resultado do tratamento da dependência da nicotina. As actividades enzimáticas dos genes

CYP2A6 estão significativamente associadas ao metabolismo da nicotina em cotinina e são capazes de inibir ou reforçar a nicotina (Ho et al., 2010). Por conseguinte, o estudo foi concebido para avaliar o papel das variantes *do CYP2A6* no diagnóstico e prognóstico da dependência da nicotina como indicadores e preditores significativos do resultado do tratamento da dependência da nicotina. Estudos anteriores realizaram análises e abordaram a forma como estas variantes genéticas estão associadas às taxas de abandono da nicotina e como a idade, a raça, o sexo, as condições fisiopatológicas e outros factores podem afetar a função enzimática *do CYP2A6* em experiências *in vivo* e *in vitro*. No entanto, estes estudos não abordaram em que medida as variantes *do gene CYP2A6* estão associadas a factores de risco como a dependência da nicotina e a síndrome de abstinência, e as variantes *do gene CYP2B6*6* (Kortmann et al., 2010) em diferentes tipos de terapias ajustam-se estatisticamente a factores sociodemográficos e ambientais (idade, sexo e raça/etnia) que podem ter impacto no resultado do tratamento da dependência da nicotina.

Por conseguinte, os objectivos deste estudo quantitativo foram os seguintes

1. Examinar o impacto da associação das variantes do gene *CYP2A6* do metabolizador principal da nicotina com a síndrome de dependência da nicotina e o tipo de terapia (bupropiona ou NRT) no resultado do tratamento da dependência da nicotina.
2. Examinar o impacto da associação das variantes do gene *CYP2A6* do metabolizador principal da nicotina com a síndrome de abstinência da nicotina e o tipo de terapia (bupropiona ou NRT) no resultado do tratamento da dependência da nicotina.
3. Identificar se as variantes *do gene CYP2A6* do metabolizador principal da nicotina, a interação da variante *do* gene *CYP2B6*6* e o tipo de terapia (bupropiona ou NRT) têm um impacto significativo no resultado do tratamento da dependência da nicotina.

Questões de investigação e hipóteses

Questão de investigação 1

Como é que as associações entre as variantes do gene *CYP2A6* metabolizador lento *da* nicotina, a síndrome de dependência da nicotina ou a síndrome de abstinência da nicotina e o tipo de terapia (bupropiona ou NRT) afectam o resultado do tratamento da dependência da nicotina?

Hipótese 1

Ho: As associações entre variantes do gene *CYP2A6* metabolizador lento da nicotina, síndrome de dependência da nicotina ou síndrome de abstinência da nicotina e tipo de terapia (bupropiona ou NRT) não têm um impacto significativo no resultado do tratamento da dependência da nicotina.

Ha: As associações entre as variantes do gene *CYP2A6* metabolizador lento da nicotina, a síndrome de dependência da nicotina ou a síndrome de abstinência da nicotina e o tipo de terapia (bupropiona ou TSN) têm um impacto significativo nos resultados do tratamento da dependência da nicotina.

Questão de investigação 2

Como é que as associações entre as variantes do gene *CYP2A6* metabolizador normal *da* nicotina, a síndrome de dependência da nicotina ou a síndrome de abstinência da nicotina e o tipo de terapia (bupropiona ou NRT) afectam o resultado do tratamento da dependência da nicotina?

Hipótese 2

Ho: As associações entre as variantes do gene *CYP2A6* metabolizador normal da nicotina, a síndrome de dependência da nicotina ou a síndrome de abstinência da nicotina e o tipo de terapia não têm um impacto significativo no resultado do tratamento da dependência da nicotina.

Ha: As associações entre as variantes do gene *CYP2A6* metabolizador normal da nicotina, a síndrome de dependência da nicotina ou a síndrome de abstinência da dependência da nicotina e o tipo de terapia (bupropiona ou NRT) têm um impacto significativo no resultado do tratamento da dependência da nicotina.

Questão de investigação 3

Como é que uma interação entre as variantes *do gene CYP2A6* metabolizador lento da nicotina, a variante do gene *CYP2B6*6*, a síndrome de dependência da nicotina ou a síndrome de abstinência da dependência da nicotina e o tipo de terapia afectam o resultado do tratamento da dependência da nicotina?

Hipótese 3

Ho: As variantes do gene *CYP2A6* metabolizador lento da interação da nicotina com a variante do gene *CYP2B6*6*, a síndrome de dependência da nicotina ou a síndrome de abstinência da dependência da nicotina e o tipo de terapia não têm um impacto significativo no resultado do tratamento da dependência da nicotina.

Ha: A interação da variante do gene *CYP2A6* metabolizador lento da nicotina com a variante do gene *CYP2B6*6,* a síndrome de dependência da nicotina ou a síndrome de abstinência da dependência da nicotina e o tipo de terapia têm um impacto significativo no resultado do tratamento da dependência da nicotina.

Questão de investigação 4

Como é que uma interação entre as variantes *do gene CYP2A6* metabolizador normal da nicotina, a variante do gene *CYP2B6*6*, a síndrome de dependência da nicotina ou a síndrome de abstinência da dependência da nicotina e o tipo de terapia (bupropiona ou NRT) afecta o resultado do tratamento da dependência da nicotina?

Hipótese 4

Ho: A interação das variantes do gene *CYP2A6* metabolizador normal da nicotina com a variante do gene *CYP2B6*6*, a síndrome de dependência da nicotina ou a síndrome de abstinência da dependência da nicotina e o tipo de terapia (bupropiona ou NRT) não têm um impacto significativo no resultado do tratamento da dependência da nicotina.

Ha: A interação das variantes do *gene CYP2A6* metabolizador normal da nicotina com a variante do gene *CYP2B6*6* síndrome de dependência da nicotina ou síndrome de abstinência da dependência da nicotina e o tipo de terapia (bupropiona ou NRT) têm um impacto significativo no resultado do tratamento da dependência da nicotina.

Fundamentação teórica e enquadramento do estudo

A base teórica deste estudo está enraizada na teoria genética comportamental (TGC). A BGT enfatiza a influência do comportamento dos genes e o seu contacto direto com as forças ambientais na expressão de um fenótipo, bem como a relação entre os genes e o desenvolvimento de doenças (Bassett, 2008). O raciocínio subjacente à BGT pode ser utilizado para explicar o mecanismo de desenvolvimento da dependência da nicotina e para apoiar o enquadramento e o objetivo do estudo, que consistiu em analisar a associação entre as variantes do gene *CYP2A6* e as perturbações da dependência da nicotina.

Inicialmente, os estudos de genética comportamental examinaram a herança de traços comportamentais em seres humanos utilizando estudos genéticos clássicos (estudos de gémeos e de adoção); atualmente, a BGT também utiliza a genómica emergente e outras disciplinas das ciências comportamentais para recolher informações relacionadas com a herança de traços comportamentais, para estabelecer relações de correlação entre genes e comportamento e para analisar a forma como a função dos genes pode ser traduzida em práticas clínicas (Bassett, 2008; Stiles, 2011). A genética comportamental lançou as bases para a aplicação das descobertas genéticas e genómicas humanas na prática clínica, conduzindo ao conceito de medicina individualizada.

De facto, a definição de BGT explica a melhor etiologia da dependência da nicotina, que envolve uma série de interações complexas entre genes e factores comportamentais e ambientais, além de fornecer evidências úteis de estudos genéticos para explicar as implicações das variantes genéticas no desenvolvimento da dependência da nicotina e no tratamento da doença (Robert, 2011). A BGT enfatiza a avaliação de factores biológicos, sociais e ambientais na terapia da nicotina, combinando os efeitos que desempenham papéis importantes na dependência da nicotina.

Natureza do estudo

Este foi um estudo quantitativo com o objetivo de utilizar uma abordagem correlacional para avaliar o impacto da associação entre as principais variantes *do CYP2A6* (alelos de metabolizadores lentos e normais da nicotina), o tipo de terapia, a dependência da nicotina e as síndromes de abstinência, e a variante *genética CYP2B6*6* no resultado do tratamento da dependência da nicotina (deixar ou não deixar de fumar). O estudo utilizou um modelo de análise multivariável e um desenho de estudo transversal para examinar a importância da associação entre as principais variantes genéticas *do CYP2A6* e os factores de risco da dependência da nicotina, tais como a síndrome de abstinência e a síndrome de dependência da nicotina, o tipo de terapia e o impacto da variante *genética CYP2B6*6* no resultado do tratamento da dependência da nicotina. O estudo incluiu variáveis sociais e demográficas (idade, sexo, raça/etnia, categorias de educação e nível de rendimento) como covariáveis para ajustar a confusão, os efeitos modificadores e o enviesamento.

A investigação utilizou dados fenotípicos secundários (pontuações da dependência da nicotina e da síndrome de abstinência) e dados genotípicos (variantes genéticas) recolhidos pelo Centro de Investigação Transdisciplinar sobre o Uso do Tabaco da Universidade de Wisconsin (UW-TTURC) (NCBI, 2011). A avaliação da associação entre as principais variantes *do CYP2A6* (alelos de metabolizadores lentos e normais da nicotina) e as síndromes de dependência e abstinência da nicotina, e a variante do gene *CYP2B6*6* no resultado da terapia da dependência da nicotina (deixar ou não deixar de fumar) foi realizada utilizando as perguntas específicas descritas na secção de perguntas e hipóteses da investigação.

Definições operacionais

Alelo: Uma de duas ou mais formas de um locus genético (Feero, Guttmacher, & Collins, 2010).

Farmacocinética: Refere-se às diferenças genéticas nas vias metabólicas que podem afetar as respostas individuais aos medicamentos, tanto em termos de efeito terapêutico como de efeitos adversos (Cohen, 2008).

Farmacogenómica: O ramo da farmacologia que estuda a influência da variação genética na resposta a medicamentos em doentes, correlacionando a expressão genética ou os polimorfismos de um único nucleótido com a eficácia ou toxicidade de um medicamento (Wang, 2010).

Alcalóides: Consistem em compostos químicos cujos elementos são, na sua maioria, átomos básicos de azoto. Este grupo de substâncias químicas, que se formam naturalmente, pode também incluir alguns compostos sintéticos com propriedades neutras e fracamente ácidas (Raj, 2004).

Azóis: Uma classe de compostos de anel heterocíclico com cinco membros de azoto, incluindo pelo menos um outro átomo não carbónico de azoto, enxofre ou oxigénio. Têm compostos aromáticos de origem com ligações duplas que são análogos sucessivamente reduzidos (Eicher & Hauptmann, 2003).

Antifúngicos: Medicamentos que podem destruir ou inibir o crescimento de fungos. São usados para curar infecções causadas por fungos, como pé de atleta, micose, candidíase e outras (The Free Dictionary, 2012).

Um polimorfismo de nucleótido único (SNP): "Uma variação da sequência de ADN devida a uma alteração de um único nucleótido - A, T, C ou G - no genoma de cromossomas emparelhados de um indivíduo." (Varela & Amos, 2010)

Teoria genética comportamental (BGT): "Uma teoria que propõe que os genes desempenham um papel no comportamento humano; o seu principal objetivo é estabelecer relações de correlação entre os genes e o desenvolvimento comportamental ou a etiologia das perturbações." (Basset, 2008)

Bupropiona (Zyban®): Um medicamento utilizado para tratar a perturbação depressiva major. A marca Zyban de bupropiona é utilizada para ajudar as pessoas a deixarem de fumar, reduzindo os desejos e outros efeitos de abstinência (Hughes, Stead, & Lancaster, 2007).

Estudos clínicos: Tipos de estudos que examinam a distribuição das doenças, os factores que afectam a saúde e a forma como as pessoas tomam decisões relacionadas com a saúde, ou estudos que procuram identificar as intervenções, os tratamentos e os serviços mais eficazes e mais eficientes (Khoury et al., 2010).

Validade clínica: Refere-se à extensão ou grau em que um teste genético prevê com exatidão o risco de um resultado de doença (ou seja, calibração), bem como a sua capacidade de separar pacientes com diferentes resultados em classes de risco distintas (discriminação; Khoury et al., 2010).

Cotinina (COT): Um alcaloide e metabolito da nicotina presente no tabaco. A cotinina permanece mais tempo nos fluidos corporais do que a nicotina. Por conseguinte, a cotinina é utilizada como biomarcador para verificar ou medir a exposição ao fumo do tabaco. A presença de cotinina no fluido corporal também serve como prova de consumo recente de nicotina (The Free Dictionary, 2012).

Superfamília do citocromo P450 (oficialmente abreviado como CYP): Consiste em vários grupos de enzimas que catalisam a oxidação de substâncias orgânicas. Os substratos das enzimas CYP são intermediários metabólicos, como lípidos, hormonas esteróides e substâncias xenobióticas, como medicamentos e outros produtos químicos tóxicos. As CYP são as principais enzimas implicadas no metabolismo e na bioactivação dos medicamentos (Danielson, 2002).

Monóxido de carbono (CO): gás incolor, inodoro e altamente venenoso formado pela combustão incompleta de carbono ou de um material carbonoso, como a gasolina (The Free Dictionary, 2012).

Doença pulmonar obstrutiva crónica (DPOC): Uma doença pulmonar que produz progressivamente grandes quantidades de muco, tornando difícil a respiração. A DPOC provoca pieira, falta de ar, aperto no peito e outros sintomas (National Heart Lung and Heart Institutes [NHLBI], 2012).

Cumarina: Um composto químico que se encontra naturalmente em algumas plantas.
A cumarina é extraída da fava tonka. Contém dicumarol, que inibe a síntese hepática de factores de coagulação dependentes da vitamina K, e vários dos seus derivados são utilizados como anticoagulantes no tratamento de doenças caracterizadas por coagulação excessiva (The Free Dictionary, 2012).

7-hidroxilação da cumarina: Um produto derivado da cumarina. (Hukkanen et al., 2005).

Terapia cognitivo-comportamental (TCC): Consiste em aconselhamento e intervenções motivacionais que são geralmente combinadas com terapia farmacológica para tratar a dependência de nicotina (Ahluwalia et al., 2006).

Ácido desoxirribonucleico (ADN): Ácido nucleico que contém a informação genética necessária para o desenvolvimento e o funcionamento de todos os organismos vivos e de alguns vírus.
O ADN é frequentemente considerado um conjunto de esquemas que contém instruções para a construção de outras células, tais como proteínas e moléculas de ARN (Forensic Fact, 2008).

O Manual de Diagnóstico e Estatística das Perturbações Mentais, Quarta Edição (DSM-IV):
Concebido e mantido pela Associação Americana de Psiquiatria, contém um sistema de classificação normalizado para o diagnóstico de perturbações mentais em crianças e adultos. Os termos de perturbações e condições do DSM-IV estão organizados em 18 classes. A maioria dos termos está associada a códigos da

Classificação Internacional de Doenças, Nona Revisão; Modificação Clínica (CID-9-CM) (American Psychiatric Association, 2012).

Enzima: Uma proteína (ou molécula à base de proteínas) que acelera uma reação química em organismos vivos. Catalisa reacções químicas específicas e converte um conjunto específico de reagentes (chamados *substratos*) em produtos específicos. (Encyclopedia.com, 2012)

Flavin-containing monooxygenase 3(FMO3): A principal enzima responsável pela formação do *N-óxido* de nicotina, que se encontra no conteúdo dos microssomas do fígado humano. A FOM3 está correlacionada com a formação do *N-óxido* de nicotina (Hukkanen et al., 2005).

Teste de Fagerstrom para a dependência da nicotina (FTND): Um instrumento utilizado para medir a gravidade da dependência da nicotina. (Piper et al., 2008)

Food and Drug Administration (FDA): Uma agência do United States. Departamento de Saúde e Serviços Humanos dos Estados Unidos, que é responsável pela proteção e promoção da saúde pública através da regulamentação e supervisão da segurança alimentar, produtos do tabaco, suplementos alimentares e medicamentos de prescrição e de venda livre (DuPont, 2011).

Variação genética: Em termos gerais, uma medida das diferenças genéticas dentro de populações ou espécies. Por exemplo, uma população com muitos alelos diferentes num locus pode ser considerada como tendo muita variação genética nesse locus (Khoury, et al., 2010).

Genótipo: A composição genética de uma célula, de um organismo ou de um indivíduo (ou seja, a composição específica de alelos do indivíduo), geralmente com referência a um carácter específico em consideração (Khoury et al., 2010).

Vírus da imunodeficiência humana (VIH): Pertence a uma família de retrovírus que causa *a síndrome da imunodeficiência adquirida* (SIDA), que destrói progressivamente o sistema imunitário e permite o desenvolvimento de infecções oportunistas e cancros potencialmente mortais (Douek, Roederer, & Koup, 2009).

Proteína imunorreactiva: Uma substância que reage a determinados antigénios ou haptenos, permitindo uma situação em que um antigénio e um anticorpo interagem em experimentação *in vitro*. (Ho & Tyndale, 2007)

Mono-oxigenases: Uma classe de oxidorredutases que catalisam a incorporação de um dos átomos de uma molécula de oxigénio (O_2) no substrato enquanto reduzem o outro átomo a água (Hukkanen et al., 2005).

Mentol: Um composto orgânico fabricado sinteticamente ou obtido a partir de óleos de hortelã-pimenta ou de outras hortelãs. É uma substância cerosa e cristalina, de cor clara ou branca, que é sólida à temperatura ambiente e funde ligeiramente acima da temperatura ambiente (Huainan et al., 2005)

Metoxsaleno (8-metoxipsoraleno): Medicamento utilizado para tratar a psoríase, o eczema, o vitiligo e alguns linfomas cutâneos em conjunto com a exposição da pele à luz solar. O metoxsaleno é extraído da *Ammi majus*, uma planta da família *Apiaceae* (Hukkanen et al., 2005).

A via mesolímbica: Uma das vias dopaminérgicas do cérebro. A via começa na área tegmental ventral do mesencéfalo e liga-se ao sistema límbico através do núcleo accumbens, da amígdala e do hipocampo, bem como ao córtex pré-frontal medial (Benowitz, 2010).

Nicotina: Um alcaloide encontrado na família de plantas da beladona (*Solanaceae*) que constitui aproximadamente 0,6%-3,0% do peso seco do tabaco, com a biossíntese a ter lugar nas raízes e a acumulação a ocorrer nas folhas (Ho & Tyndale, 2007).

Dependência de nicotina: Dependência de produtos do tabaco causada por um dos seus principais ingredientes, a droga nicotina, que é uma droga psicoactiva ou que altera o humor, com efeitos prazerosos, estimulantes e depressivos. Estes efeitos são temporariamente agradáveis, fazendo com que as pessoas queiram consumi-la cada vez mais, o que leva as pessoas a passar do consumo experimental para o consumo regular de nicotina e, finalmente, para a dependência da nicotina (Remington et al., 2010) .

Terapia de substituição da nicotina (TSN): Utilizada para reduzir a abstinência e o desejo de consumir nicotina, fornecendo ao organismo uma dose baixa de nicotina. A TSN contém cerca de um terço a metade da quantidade de nicotina encontrada na maioria dos cigarros (Hukkanen et al., 2005).

nAChR: Um recetor nicotínico de acetilcolina. (Benowitz, 2010)

Escalas do Síndroma de Dependência da Nicotina (*NDSS*): Um instrumento multidimensional utilizado para medir a gravidade da dependência da nicotina. (Shiffman, Waters, & Hickcox, 2004)

Fenótipo: Uma caraterística ou traço observável, como a morfologia; desenvolvimento, propriedades bioquímicas ou fisiológicas; fenologia; comportamento; e produtos do comportamento (como o ninho de um pássaro) que resultam da expressão dos genes de um organismo, bem como da influência de factores ambientais e das interações entre os dois (Khoury et al., 2010).

Polimorfismo: A existência de muitas formas de sequências de ADN num locus dentro da população

(Wang, 2010).

Medicina personalizada: Um modelo médico que enfatiza, de um modo geral, a personalização dos cuidados de saúde, com todas as decisões e práticas a serem adaptadas a cada doente, de todas as formas possíveis (Cohen, 2008).

Ácido ribonucleico (ARN): Uma das três principais macromoléculas que são essenciais para todas as formas de vida conhecidas (Bartlett, 2003).

Metabolizador lento (SM): Variante do gene *CYP2A6* para um metabolizador lento da nicotina (Benowitz et al., 2006).

Metabolizador normal (NM): Variante do gene *CYP2A6* para um metabolizador normal da nicotina (Benowitz et al., 2006).

Reação em cadeia da polimerase (PCR): Uma ferramenta de tecnologia bioquímica utilizada em biologia molecular para multiplicar uma única ou algumas cópias de um pedaço de ADN para gerar milhares a milhões de cópias dessa sequência de ADN específica (Bartlett, 2003).

A meia concentração inibitória máxima (IC_{50}): Uma medida da eficácia de um composto na inibição de uma função biológica ou bioquímica (Hukkanen et al., 2005).

O Inventário Wisconsin de Motivos de Dependência do Tabagismo (WISDM*)*: Um instrumento que avalia os factores psicológicos e ambientais que influenciam a dependência e a abstinência da nicotina (Piper et al., 2004).

Pressupostos

Neste estudo, partiu-se do pressuposto de que os participantes tinham assinado voluntariamente um formulário de consentimento para participar em experiências clínicas e aleatórias durante a recolha de dados que envolviam a doação de sangue e a genotipagem (NCIB, 2011). O estudo também se baseou no pressuposto de que os questionários construídos para as entrevistas aos participantes para a recolha de dados fenotípicos estavam bem formulados para evitar enviesamentos e factores de confusão e que os participantes no estudo tinham respondido aos questionários com sinceridade e da melhor forma possível. Além disso, o estudo baseou-se no pressuposto de que ambos os instrumentos - as Escalas da Síndrome de Dependência da Nicotina (NDSS) e o Wisconsin Inventory of Smoking Dependence Motives (WISDM) - eram meios adequados para medir os factores de risco do tabagismo designados (Piper; et al., 2008). Partiu-se do princípio de que os dados genotípicos recolhidos eram fiáveis e correspondiam ao conteúdo sanguíneo de cada participante, e que as técnicas de genotipagem, os reagentes e outros produtos químicos e procedimentos utilizados eram adequados para conservar a identidade e a verdadeira natureza de cada gene encontrado, conforme especificado pela UW-TTURC (NCBI, 2011) nos manuais do seu estudo.

O estudo analisou o impacto dos metabolizadores lentos e normais da nicotina na dependência da nicotina e na interação com o CYP2A6.

Âmbito, delimitações e limitações

Devido a diferentes condições ambientais, sociais, culturais, económicas e demográficas, os resultados deste estudo podem não se aplicar a outras populações. Além disso, os resultados deste estudo podem não se aplicar a outros grupos etários ou a outros paradigmas de tratamento. Por conseguinte, o estudo deve ser replicado noutras populações, de acordo com as suas caraterísticas e condições específicas, no futuro. A extrema variabilidade das variantes genéticas *do CYP2A6* entre raças e entre indivíduos pode também limitar a validade dos resultados (Khoury et al., 2010); como tal, o estudo ajustará a distribuição de frequências de acordo com o equilíbrio de Hardy-Weinberg, utilizando software estatístico adequado para testar as frequências dos alelos *do CYP2A6.*

O estudo foi correlacional; por conseguinte, centrou-se apenas na descrição da importância das associações entre variáveis que podem ter impacto no efeito do *CYP2A6* no resultado do tratamento da dependência da nicotina; a causalidade não foi avaliada neste estudo. Por conseguinte, a validade interna do estudo pode ser fraca, mas os critérios rigorosos de seleção dos participantes para uma representação objetiva da população, bem como o ajustamento multivariável nos modelos, ajudaram a atenuar o viés do estudo e os factores de confusão.

O estudo utilizou conjuntos de dados secundários, que podem ter limitações devido a dados em falta e a enviesamentos de recordação. Além disso, o estudo pode ter sido limitado pelas respostas auto-relatadas, que podem levar à imprecisão das respostas ou a recordações tendenciosas. Como tal, cada conjunto de dados foi submetido a uma inspeção para garantir que correspondia à sua documentação e às informações éticas e confidenciais. O número de registos por caso e a atribuição exacta dos dados, tal como documentados, foram verificados manualmente ou através de software apropriado (Affinity e Shellfish; Frankfort-Nachimias & Nachimias, 2008).

Significado e implicações do estudo para a mudança social

Este estudo pode induzir uma mudança social positiva ao contribuir para a promoção e o avanço da terapia personalizada de tratamento da nicotina. Como sugeriram Kortmann et al. (2010), "Apesar do desenvolvimento de várias abordagens de tratamento da dependência da nicotina, continua a ser um desafio tanto para o doente como para o clínico. Este processo pode levar anos, com sucessos parciais repetidos e recaídas" (p. 23). Além disso, Mroziewicz e Tyndale (2010) afirmaram, em apoio das interações gene-gene e gene-ambiente nos mecanismos de desenvolvimento da doença, que "É evidente que os factores ambientais desempenham um papel e os futuros estudos de farmacogenética serão melhorados se forem suficientemente grandes para investigar tanto o gene-gene como o gene-ambiente" (p. 26). Benowitz (2010) sugeriu que a compreensão do metabolismo da nicotina através do prisma dos factores genéticos e ambientais levará a uma avaliação justa dos factores de risco da nicotina e fundamentará os benefícios dos genes da nicotina para a saúde. O presente estudo está assim preparado para fornecer informações baseadas em provas para compreender a influência das variantes genéticas na etiologia da dependência da nicotina, bem como a forma como o seu potencial clínico pode ajudar no diagnóstico e prognóstico da nicotina para cada indivíduo.

Além disso, como este estudo avaliou os factores biológicos e ambientais no sucesso do tratamento da nicotina numa determinada população, as suas aplicações podem ajudar a comunidade, facilitando o rastreio genético da dependência da nicotina. Em particular, os adolescentes podem beneficiar do rastreio e do aconselhamento genético, o que pode melhorar as atitudes juvenis positivas e os comportamentos saudáveis que podem levar ao aumento do sucesso escolar dos adolescentes (Remington, Brownson, & Wegner, 2010). Especificamente, entre as partes interessadas, este estudo pode esclarecer as descobertas inconsistentes sobre as variantes do gene *CYP2A6* que estão envolvidas no metabolismo da nicotina em correlação com outros factores de risco, como as síndromes de abstinência e dependência da nicotina, examinando como podem ser bons indicadores do resultado do tratamento da nicotina. Por conseguinte, fornece conhecimentos aplicáveis para adaptar o tratamento e a prevenção personalizados da dependência da nicotina (Khoury et al., 2010), o que pode diminuir a prevalência da taxa de tabagismo e a mortalidade e morbilidade relacionadas com a doença na comunidade.

A aplicação dos resultados desta investigação reforçará a economia nacional através do aumento da força de trabalho e da diminuição dos elevados custos dos cuidados de saúde devido a doenças crónicas induzidas pela dependência do tabaco. Os resultados do estudo têm o potencial de clarificar a perceção de que os genes da nicotina podem predispor especificamente para o tabagismo e a predisposição para outras doenças hereditárias devido aos genes herdados, e, além disso, que a função destes genes pode ser traduzida em diagnóstico clínico, prognóstico e tratamento (Khoury et al., 2010). Os resultados do estudo podem também informar as partes interessadas envolvidas na investigação da terapia genética para a dependência da nicotina, com potencial para ter impacto na sociedade em geral no futuro, através da promoção de legislação que regule a prática dos testes e rastreios genéticos no tratamento da dependência da nicotina (Cohen, 2008).

Resumo

A dependência da nicotina continua a ser uma fonte de problemas de saúde e socioeconómicos consideráveis. A doença continua a ser epidémica, com opções de tratamento limitadas (Remington et al., 2010). A procura de terapias eficazes para a dependência da nicotina e de meios de prevenção continua, com a investigação a centrar-se em tratamentos abrangentes, multifacetados e direcionados. Atualmente, existe uma necessidade urgente de encontrar uma nova terapia que utilize as variantes genéticas *do CYP2A6* para melhorar e maximizar as terapias existentes (cognitivo-comportamentais e farmacológicas) que proporcionam apenas um alívio temporário. O processo de cura dos doentes com base na sua constituição genética/genómica é bastante difícil, mas não inatingível. Este estudo enfatiza a avaliação dos papéis dos principais genes *CYP2A6* e a tradução da sua função para o tratamento clínico.

O Capítulo 1 apresentou um breve resumo do tema e uma descrição da importância do estudo. O Capítulo 2 apresenta uma revisão detalhada da literatura relativa ao impacto dos factores ambientais e genéticos no tratamento da nicotina, incluindo a fundamentação teórica. O Capítulo 3 identifica a metodologia utilizada no estudo, a amostra da população, o instrumento utilizado para a recolha de dados e uma descrição da forma como os dados foram analisados.

Capítulo 2

Revisão da literatura

Introdução

Este capítulo analisa a literatura existente sobre as variantes do gene *CYP2A6* associadas à etiologia e ao tratamento da dependência da nicotina. O capítulo explora as causas sociais e ambientais dos comportamentos tabágicos e os seus impactos na saúde, as descobertas sobre as actividades de metabolismo da nicotina das variantes *do CYP2A6* e a dificuldade em adaptar as funções das variantes ao tratamento da dependência da nicotina. O capítulo começa com uma análise da estratégia de pesquisa da literatura, bem como da teoria de base do estudo, e apresenta uma panorâmica dos factores que contribuem para a dependência da nicotina, a prevalência do tabagismo e as consequências para a saúde. De seguida, são discutidas as provas das implicações das variantes genéticas *do CYP2A6* na dependência da nicotina e no tratamento. Por último, o capítulo aborda os diversos desafios que os investigadores enfrentam na conceção de um tratamento individualizado bem sucedido, utilizando informações resultantes da utilização das variantes genéticas *do CYP2A6*.

Estratégia de pesquisa

A pesquisa bibliográfica visou artigos relacionados com a dependência da nicotina, o tratamento, as variantes genéticas *do CYP2A6* e o tratamento individualizado. A pesquisa de artigos utilizou várias fontes - EBSCO, CINAHL e MEDLINE - e foi alargada à medicina personalizada; farmacogenética e farmacogenómica; o aspeto genético da dependência da nicotina; e fontes de terapia da dependência. Outras fontes, como a ProQuest, Google Scholar, Academic Premier e PubMed, bem como conselhos e informações de

Foram também consultadas páginas Web relevantes e resultados de entrevistas de peritos na área. As palavras-chave utilizadas para a pesquisa de artigos foram *nicotina, dependência de nicotina, terapia com nicotina, tratamentos personalizados, variantes genéticas* e *tratamento farmacológico e não farmacológico da nicotina.* Os artigos foram selecionados com base nos seguintes critérios: revisão por pares, período de publicação (1900 e 2014) e relevância.

Fundamentação teórica

A teoria fundamental do estudo foi a teoria genética comportamental (TGC). A TGB sublinha a existência de uma correlação entre os genes e o desenvolvimento de patologias comportamentais (Bassett, 2008). Inicialmente, a TGB era conhecida como *psicogenética*, um termo introduzido em 1951 por Hall no seu livro seminal, no capítulo dedicado à introdução à genética comportamental (Hall, 1969). Embora o termo tenha sido amplamente aceite e utilizado entre as décadas de 1960 e 1970, foi lentamente abandonado em favor da *genética comportamental* (Broadhust, 1969, Grigorenko & Ravich-Shcherbo, 1960). No entanto, a publicação de Fuller e Thompson (1960) do livro "*Behavioral Genetics*" permitiu que a BGT se tornasse uma disciplina de investigação reconhecida. O objetivo da teoria é detetar e explicar a contribuição das variantes genéticas e do ambiente para o desenvolvimento do comportamento. Galton é reconhecido como o primeiro geneticista comportamental; ele trouxe o conceito de "natureza versus criação" para o teatro da pesquisa, acendendo o debate sobre traços hereditários e experiência de aprendizagem pessoal (Bassett, 2008). Atualmente, a maioria das provas apoia o raciocínio da BGT: os factores ambientais e biológicos combinados desempenham um papel importante no desenvolvimento das caraterísticas e doenças humanas (Stigler, 2010), o que complica o tratamento das doenças.

No início, os geneticistas do BGT utilizaram estudos de gémeos, adoção e ligação para recolher informações sobre as caraterísticas hereditárias humanas. Embora tenham sido capazes de identificar, caraterizar e correlacionar genes a doenças psicológicas epidemiologicamente, tiveram menos sucesso em explicar a função de múltiplos genes no desenvolvimento de doenças. Assim, na década de 1950, eles foram criticados por sua incapacidade de explicar os papéis genéticos no desenvolvimento comportamental (Stigler, 2010). Hoje em dia, confiam na genómica emergente, na farmacogenética, na farmacogenómica e noutras ciências genéticas para explicar as implicações das variantes genéticas no desenvolvimento da doença e como a sua função pode ajudar no tratamento (Stigler, 2010). Atualmente, a tendência no campo da genética comportamental é entender como as variantes genéticas estão envolvidas na etiologia das doenças e estudar como suas funções podem ser usadas no tratamento das doenças (Robert, 2011). O estudo foi baseado na BGT porque o desenvolvimento da dependência da nicotina envolve a interação de factores genéticos e ambientais. A Figura 1 apresenta o esquema dos factores ambientais e biológicos que causam a dependência da nicotina.

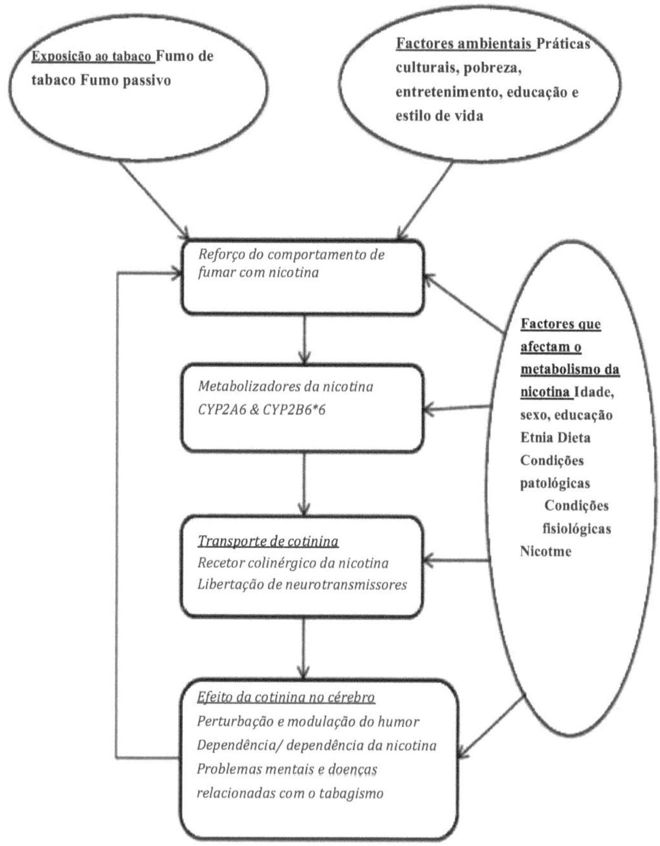

Nota: Factores ambientais e biológicos que influenciam o comportamento e modulam o metabolismo da nicotina.
Figura 1. Factores que influenciam o comportamento e a taxa de metabolismo da nicotina

Causas ambientais do tabagismo

Os factores ambientais (sociais, económicos, psicológicos e culturais) foram considerados principalmente como causas fundamentais do comportamento tabágico. O ato de fumar, que consiste em queimar e inalar tabaco seco (e atualmente outros químicos, incluindo a nicotina), pode ser datado de 5000 a.C. (Simen-Kapeu, 2009). O consumo de tabaco era praticado na maioria das culturas como parte de cerimónias especiais, e o tabaco era mascado pelos mais velhos como medicação, mas o tabagismo como atividade quotidiana começou a aumentar nos Estados Unidos durante a Grande Depressão e atingiu o seu pico em 1963, com 4.345 cigarros consumidos anualmente per capita (Capehart, 2007).

O aumento do tabagismo deveu-se principalmente ao crescimento maciço da produção industrial de tabaco e à publicidade e marketing dirigidos aos jovens adultos. O consumo de tabaco foi associado ao cancro na década de 1950. Desde então, realizaram-se décadas de estudos (Remington, Brownson e Wegner, 2010) que produziram dados exaustivos para avaliar as causas do consumo e da dependência da nicotina e as consequências para a saúde da dependência da nicotina e para identificar populações de alto risco predispostas ao consumo de nicotina.

Estes estudos anteriores revelaram que as populações de alto risco para o tabagismo eram os estudantes do ensino secundário, com uma prevalência estimada em 22% nos rapazes e 19% nas raparigas; pessoas com 9 a 11 anos de escolaridade, entre as quais a prevalência foi de 33%; e jovens adultos (18 a 44 anos de idade), com uma prevalência de 23% em 2007 (CDC, 2008; Remington, Browson, & Wegner, 2010). Estas populações de alto risco vivem predominantemente em comunidades com rendimentos mais baixos e níveis de escolaridade mais baixos. As pessoas destas populações são essencialmente atraídas para o tabagismo por factores socioeconómicos (pobreza, baixo salário mínimo e desemprego), normas sociais e comportamentais, cultura da comunidade local, pressão dos pais e dos pares, e estilo de vida (CDC, 2009). Kropp e Haplern-Felsher (2004) afirmaram que os jovens que fumam exibem caraterísticas que podem ser descritas como rebeldes, tais como uma fraca ligação aos pais, uma forte ligação aos pares, tendências para assumir riscos, um compromisso mais fraco com a escola e uma atitude negativa em relação à religião.

Além disso, a maioria dos adolescentes e jovens que são biologicamente susceptíveis à dependência da nicotina tornar-se-ão fumadores ao longo da vida; mais de 80% dos fumadores adultos começaram a fumar na adolescência (CDC, 2009). White, White, Freeman, Gilpin e Pierce (2003) sugeriram que, na população adulta, o baixo nível de escolaridade e o estatuto socioeconómico, a falta de apoio moral e o tratamento inadequado da dependência da nicotina são factores que aumentam a prevalência do tabagismo.

A investigação do comportamento tabágico revelou também uma variabilidade individual notável na dependência da nicotina e centrou a atenção dos investigadores e dos geneticistas comportamentais no papel dos factores genéticos no comportamento tabágico e na resposta ao tratamento.

Hereditariedade do comportamento de fumar

Verificou-se que o comportamento tabágico é controlado e influenciado pela estrutura e função dos genes da nicotina e por factores ambientais. Os estudos genéticos epidemiológicos e genómicos clássicos - com os avanços da tecnologia genética - produziram fortes provas que sustentam a hereditariedade do fenótipo do comportamento tabágico e a contribuição das variantes genéticas para a etiologia da dependência da nicotina. Hall et al. (2002) analisaram estudos de gémeos e de adoção que compararam gémeos e irmãos expostos à mesma quantidade de fumo de tabaco. Os autores concluíram que os factores genéticos são responsáveis por 60% a 80% da variabilidade na suscetibilidade de começar a fumar e de se tornar dependente da nicotina. De acordo com White et al. (2003), um estudo longitudinal de gémeos adolescentes mostrou que a hereditariedade do consumo de tabaco aumentou de 15% na avaliação inicial (idades entre os 13 e os 18 anos) para 35% no acompanhamento final (idades entre os 20 e os 25 anos). Além disso, alguns estudos prospectivos concluíram que, após o início do consumo de tabaco, a contribuição dos factores genéticos para manter o comportamento tabágico foi avaliada em 28% a 84%, e em 86% para o número de cigarros fumados aos 45 anos de idade (Ho et al., 2010; Ho & Tyndale, 2007). A hereditariedade foi estimada entre 31% e 75% para o diagnóstico de dependência da nicotina, 26% e 48% para a gravidade dos sintomas de abstinência da nicotina e 50% e 58% para a cessação tabágica (Ho et al., 2010, Ho & Tyndale, 2007; Roses et al., 2009). Estes estudos demonstram que o comportamento tabágico é influenciado pela hereditariedade em várias fases do desenvolvimento da dependência da nicotina, desde a iniciação ao tabagismo até à dependência da nicotina, para além de factores ambientais como a pressão entre pares e a pressão social/cultural (Kortmann et al., 2012). Os estudos acima referidos forneceram informações sobre a suscetibilidade genética no desenvolvimento do comportamento tabágico e a sua influência na responsabilidade pelas diferentes fases do desenvolvimento da dependência da nicotina. Em resumo, todas as fases do consumo de nicotina, desde a iniciação ao tabagismo regular até à dependência de nicotina, são influenciadas por factores genéticos. Segundo estes autores, os genes, em conjunto com os factores ambientais, controlam as vias biológicas e fisiológicas da dependência da nicotina (Rose et al., 2009). A Tabela 1 resume as estimativas de hereditariedade do comportamento tabágico

Quadro 1

Estimativas da hereditariedade do comportamento tabágico

Comportamento de fumador	Hereditariedade do comportamento de fumar
Hábito de consumo de cigarros.	45-84%
Persistência do tabagismo.	28-86%

Síndrome de dependência da nicotina.	31-75%
Síndrome de dependência da nicotina.	26-48%
Deixar de fumar.	50-58%

Nota. Todas estas etapas do desenvolvimento do hábito de fumar são influenciadas pelos genes da nicotina (Ho & Tyndal, 2007; Rose, Browns Kohonen, Dick & Kaprio, 2009).

Elevada prevalência do comportamento tabágico

A complexa interação entre as variantes do gene da nicotina e os factores ambientais no reforço do hábito de consumo de nicotina pode ser considerada responsável pela elevada prevalência da dependência da nicotina. A OMS (2009) referiu que o tabagismo continua a ser uma das principais causas de doenças evitáveis, incapacidade e morte em todo o mundo; mais de 5 milhões de mortes por ano estão ligadas a doenças relacionadas com o tabaco. Nos Estados Unidos, a prevalência do tabagismo ainda é de 20%, e cerca de 400 mil mortes são associadas a doenças relacionadas ao tabaco a cada ano (CDC, 2011). O facto mais revelador que resulta dos relatórios epidemiológicos sobre o consumo de nicotina na população é a diferença na prevalência da nicotina de acordo com factores sociais, económicos e demográficos.

Nos Estados Unidos, um estudo realizado em 2008 revelou que a prevalência do tabagismo é mais elevada entre a população indígena americana (32,4%), seguida dos caucasianos (22,0%), afro-americanos (21,3%), hispânicos (15,8%) e asiáticos (9,9%; CDC, 2009). Um inquérito organizado em 2008 revelou uma disparidade de género no comportamento tabágico nos Estados Unidos, com 23,3% dos homens considerados fumadores em comparação com 18,3% das mulheres (CDC, 2009). O CDC (2009) referiu que a prevalência era de 41,3% em pessoas sem um diploma do ensino secundário, 27,3% em pessoas com um certificado de equivalência ao ensino secundário e 5,7% entre as pessoas com diplomas de pós-graduação.

A nível mundial, a prevalência do tabagismo varia muito. Atualmente, assiste-se a uma diminuição substancial da prevalência do tabagismo nos países desenvolvidos; no entanto, a prevalência do tabagismo está a aumentar nos países em desenvolvimento, como a China, a Índia, partes da América Latina e África. Em 2008, a prevalência do tabagismo variou entre 5% em alguns países e mais de 55% noutros (Hatsukami, Stead e Gupta, 2008), estando o consumo de tabaco aparentemente associado a elevadas taxas de pobreza (OMS, 2009) e à falta de um sistema de saúde adequado em zonas economicamente desfavorecidas.

Impacto do consumo de tabaco na saúde no mundo

O fumo do tabaco é uma fonte de compostos prejudiciais à saúde que causam uma série de doenças crónicas, que matam mais pessoas por ano em todo o mundo do que o vírus da síndrome da imunodeficiência humana (VIH; Doll et al., 2004). Os produtos do tabaco contêm mais de 5 mil compostos, tais como monóxido de carbono, amoníaco, cianeto de hidrogénio, acrogénicos e carcinogénicos, todos eles prejudiciais para a nossa saúde (OMS, 2002). O National Institutes of Health (NIH; 2010) listou recentemente um total de 69 compostos carcinogénicos encontrados no tabaco, dos quais 11 são conhecidos por causar cancro nos seres humanos. Desde a década de 1950, os ensaios clínicos epidemiológicos e a investigação biomédica produziram provas que associam o tabagismo ao cancro. Os registos hospitalares do CDC (2005) mostram que o tabagismo causa 30% de todas as mortes por cancro e que 80% a 90% dessas mortes estão associadas ao cancro do pulmão e aos cancros das vias aerodigestivas superiores.

O National Cancer Institute (NCI) e os National Institutes of Health (NIH) (2010) referiram que 75%-90% da mortalidade por doença pulmonar obstrutiva crónica (DPOC), 20%-25% das mortes por doença cardíaca e 18% das mortes por acidente vascular cerebral são causadas pelo tabagismo. Para além disso, as elevadas taxas de mortalidade e morbilidade, as despesas com o tratamento de doenças relacionadas com o tabagismo e a perda de produtividade resultante de mortes prematuras, doenças e incapacidades custam mais de 178 mil milhões de dólares por ano (CDC, 2007). O tabagismo tem tido consequências morais, éticas e legais para a sociedade. A estigmatização dos fumadores gera consequências sociais e de saúde devastadoras, como a perda de ambição, a pobreza, a destruição de famílias e problemas de saúde mental.

A nicotina como substância psicoactiva e outros produtos químicos do tabaco

A nicotina é uma droga psicoactiva ou alteradora do humor, com efeitos prazerosos, estimulantes e depressivos, que leva as pessoas a passar do tabagismo experimental para o consumo regular de nicotina e,

finalmente, para a dependência da nicotina (Remington et al., 2010). Do ponto de vista químico, a nicotina é o principal alcaloide da planta nicotina (Tomizawa et al., 2003), mas os produtos do tabaco contêm 5 mil compostos químicos, classificados como tóxicos ou cancerígenos, sob a forma de hidrocarbonetos aromáticos policíclicos e aminas aromáticas
(Moritsugu, 2007). Estas substâncias químicas relacionadas com o tabaco estão na origem de muitas doenças crónicas.

Entre estes produtos químicos do tabaco, há vários ingredientes psicoactivos, incluindo alcalóides (por exemplo, norcicotina), acetaldeído e inibidores da monoamina oxidase (Dome, Lazary, Kalapos, & Rihmer, 2009). Biologicamente, estas categorias de substâncias químicas do tabaco reagem de forma diferente com séries específicas de genes após a exposição crónica ao fumo do tabaco para reforçar a dependência da nicotina e gerar doenças relacionadas com o tabaco, como o cancro e as doenças pulmonares e cardiovasculares. Por exemplo, os hidrocarbonetos aromáticos policíclicos e as aminas aromáticas reagem com os polimorfismos dos genes *CYP1A1*, aumentando o risco de cancro do pulmão e de outras doenças relacionadas com as toxinas. No entanto, a nicotina reage com o polimorfismo *do CYP2A6* para produzir cotinina (Talhout, Opperhuizen e van Amsterdam, 2007), o que aumenta a dependência da nicotina.

Fisiologicamente, as provas mostram que a nicotina continua a ser uma das substâncias químicas psicoactivas mais poderosas, e um cigarro contém 10-14 mg de nicotina, sendo 1,0-1,5 mg inalados pelos fumadores (Hukkanen et al., 2005). A quantidade de 1,0-1,5 mg proporciona sensações altamente psicoactivas e agradáveis ao cérebro, reforçando o consumo de nicotina.

Aspeto genético da etiologia da dependência da nicotina

Embora as interações genético-ambientais contribuam para o desenvolvimento da dependência da nicotina, é provável que a influência genética na dependência da nicotina dependa da exposição à nicotina através do tabagismo ou do tabagismo passivo (Uhl et al., 2008). Independentemente da propensão genética para a dependência da nicotina, um indivíduo não se tornará viciado ou dependente da nicotina se deixar de fumar. No entanto, é pouco provável que as pessoas portadoras de variantes genéticas que determinam uma baixa dependência da nicotina se tornem dependentes da nicotina após a iniciação, e as pessoas com variantes genéticas que activam a dependência da nicotina podem tornar-se consumidores de nicotina ao longo da vida (Remington et al., 2010), uma vez que esses genes foram activados pela exposição à nicotina através de processos biológicos complexos. De acordo com Hukkanen et al. (2005), 1,0-1,5 mg de nicotina são facilmente absorvidos durante o ato de fumar e atravessam facilmente a membrana dos alvéolos pulmonares, porque a nicotina é uma base fraca, com pKa = 0,8; a absorção da nicotina através da membrana pulmonar é facilitada pelo nível de pH, pelo que a nicotina transita pela corrente sanguínea para o cérebro em 10 segundos, induzindo sensações de prazer no cérebro. Biologicamente, 70% a 80% da nicotina inalada é transformada em cotinina, e 90% desta reação ocorre sob a influência da enzima citocromo P450 *2A6* (*CYP2A6*); a cotinina é então completamente transformada pela *CYP2A6* em trans-3-hidroxicotinina (Hukkanen et al, 2005). A Tabela 2 resume exemplos de alguns genes da nicotina que influenciaram o comportamento tabágico e a cessação da dependência da nicotina.

Quadro 2

Exemplo de genes envolvidos no comportamento de fumar e na etiologia da dependência da nicotina

Genes do Nico tine	Definição	Papéis na dependência da nicotina
DRD2/ANKK1	*Recetor* D2 da dopamina	Iniciação, persistência e cessação do tabagismo
DRD4-	Recetor D4 da dopamina	Primeiro tin® fumadores à dependência da nicotina
MAO-A	Monoamina oxidase-A	Risco de tabagismo e dependência de nicotina
TPH1,2	Triptofano hidroxilase 1,2	Idade de início do consumo de tabaco, risco de fumar

CYP2A6	Citocromo P450 2À6	Risco de dependência da nicotina e cessação da mesma
CYP2B6	Citocromo P450 2B6	Cessação da dependência da nicotina

Nota. Lista de genes da nicotina que desempenham um papel essencial na iniciação e persistência do tabagismo e na dependência e cessação da dependência da nicotina (Ho, 2011).

Para além da implicação do *CYP2A6* no metabolismo da nicotina, a etiologia da dependência da nicotina pode ser atribuída a uma série de genes que se sobrepõem funcionalmente no desenvolvimento da dependência da nicotina, desde o início do consumo de tabaco até à dependência do consumo de produtos do tabaco. A sobreposição das funções destes genes deve-se ao facto de alguns deles estarem envolvidos no desenvolvimento de um fenótipo específico do tabagismo, enquanto outros contribuem para múltiplos aspectos do desenvolvimento do comportamento tabágico. Como explicaram Mroziewicz e Tyndale (2010), a via biológica do metabolismo da nicotina está sob o controlo de uma série de genes. Os geneticistas classificaram os genes que estão envolvidos na dependência da nicotina como genes que estimulam os indivíduos a experimentar a droga pela primeira vez, genes que sustentam o hábito de fumar através de processos biológicos complexos e genes envolvidos na cessação do comportamento tabágico (Ho, 2011).A variante genética do *recetor D2* da dopamina foi associada ao desenvolvimento do comportamento de dependência da nicotina devido à afinidade do seu polimorfismo TaqI A (rs1800497) com a nicotina (Huang e Li, 2009). As variantes do *recetor de acetilcolina-a.4 subunidade (CHRN4)* também codificam as proteínas envolvidas no sistema cérebro-recompensa que sustenta o processo de desenvolvimento da dependência da nicotina (Berrettini et al., 2008). No entanto, os polimorfismos *do CYP2A6* são os genes da nicotina mais estudados porque estão significativamente associados à sustentabilidade da dependência da nicotina através da síntese de enzimas hepáticas que metabolizam a nicotina.

Quadro concetual

O conceito de medicina personalizada

O conceito de medicina personalizada tem origem na procura de saber porque é que algumas pessoas fumam e se tornam dependentes enquanto outras não, ou porque é que as pessoas reagem de forma diferente ao consumo de nicotina. Muitas experiências comprovaram o papel dos genes na etiologia e no tratamento das doenças. Estudos realizados com gémeos demonstraram que a composição genética dos indivíduos contribui para a sua propensão para a dependência da nicotina, do álcool e de outras drogas (Hall et al. 2002). Os resultados destes estudos com gémeos também forneceram conhecimentos e definições utilizados no estudo biogenético e genómico (Hall et al. 2002). Estas duas disciplinas da genética (biogenética e genómica) estão também a gerar conhecimentos que permitem avançar na procura de uma medicina individualizada. Funcionalmente, os genes fornecem a informação que governa as actividades biológicas e fisiológicas básicas das células (Khoury et al., 2010), e os estudos do genoma humano, especificamente, mostraram que as sequências de ADN de quaisquer dois indivíduos são 99,9% idênticas e que a diferença de 0,1% no ADN constitui a origem da variação profunda, do comportamento diverso e dos traços visíveis (Jorde, Wooding, & Stephen, 2004). A diferença de 0,1% no ADN humano também dita a suscetibilidade do indivíduo a doenças ou o desenvolvimento do seu carácter individual. Esta pequena diferença no genótipo não serve apenas como identificação biométrica, mas também explica por que razão agimos de forma diferente ou somos diferentemente susceptíveis ao tratamento de uma doença, desafiando o sucesso do tratamento individualizado.

De facto, embora as investigações epidemiológicas e clínicas tenham conseguido desvendar o mecanismo das perturbações de um único gene, a maioria das doenças, incluindo as perturbações de dependência causadas por factores multigenéticos, são mais complicadas de compreender devido às variações em muitos genes diferentes que contribuem para o desenvolvimento de uma doença (Kortmann et al., 2010). Atualmente, muitas das novas tecnologias avançadas permitem aos investigadores compreender as interações mais complexas entre os genes e a interação genética com o ambiente (Cohen, 2008; Julio & Ma-Li 2002). Além disso, as ciências emergentes da farmacogenética, da farmacogenómica e dos trabalhos genómicos estão a revelar a função genética e o mecanismo da sua potencial utilidade e validade clínica. Os resultados destas disciplinas genéticas alimentam a esperança de que a herança genética e a informação genómica possam ser aproveitadas para adaptar o tratamento a um indivíduo e para melhorar o tratamento da toxicodependência. A Figura 2 apresenta a ilustração do conceito de medicina personalizada.

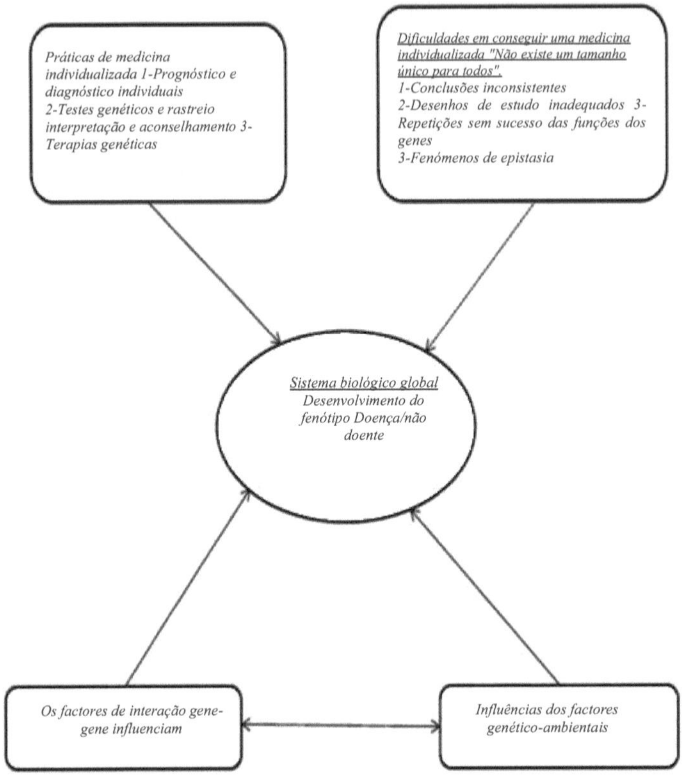

Nota. As linhas tracejadas indicam dificuldades na obtenção de uma medicina personalizada.
Figura 2. Esquema que ilustra o conceito de medicina personalizada e as suas dificuldades

Impacto do CYP2A6 no Metabolismo da Nicotina

Em estudos *in vitro*, há provas que apoiam o papel do *CYP2A6*, examinando a taxa e a extensão da oxidação da nicotina em cotinina e da oxidação da cotinina em 3_-hidroxicotinina em microssomas de fígado humano sondados numa amostra de proteína imunorreactiva *do CYP2A6.* O mesmo processo demonstrou que o metabolismo da nicotina está estreitamente relacionado com a atividade da cumarina 7-hidroxilase, uma substância que se sabe ser mediada pelo *CYP2A6.* Além disso, em estudos *in vivo*, a medição dos produtos do metabolismo da nicotina excretados após a administração de nicotina a um indivíduo cujo perfil de variantes *do* gene *CYP2A6* era conhecido antecipadamente permitiu estabelecer o papel dos alelos *CYP2A6* na expressão do fenótipo de dependência da nicotina.

Ho et al. (2010) referiram que estudos *in vivo* utilizando amostras de microcosmos de fígado humano sondadas com proteína imunorreactiva demonstraram que a atividade de síntese da proteína *CYP2A6* está altamente correlacionada com as taxas de produção de C-oxidação da nicotina com r = 0,60 a 0,94, com cerca de 88% de variabilidade na produção da proteína dos alelos *CYP2A6.* Os autores observaram que a atividade da cotinina 3'-hidroxilase estava altamente correlacionada com os níveis de proteína imunorreactiva *do CYP2A6*, com r = 0,76, e concluíram que o metabolismo da cotinina em 3HC é exclusivamente mediado pelo *CYP2A6.*

Em estudos *in vitro*, foi administrada nicotina a indivíduos portadores de alelos *CYP2A6* totalmente funcionais. Após duas horas de meia-vida da nicotina administrada nos seus corpos, o resultado das análises da sua urina mostrou níveis inalterados de nicotina e cotinina, e o nível de N-glucuronido representou 25%-30% dos metabolitos urinários excretados, com a cotinina e os metabolitos derivados da cotinina a constituírem 58%-67% dos metabolitos urinários excretados (Yamanaka et al., 2004). No entanto, os estudos em que os participantes eram portadores do alelo de deleção homozigótico *CYP2A6* (*CYP2A6*4*) e lhes foi administrada nicotina apresentaram níveis muito baixos de cotinina no plasma e níveis elevados de nicotina inalterada, após duas horas de meia-vida da nicotina no organismo. Estes estudos confirmaram que as variantes do gene *CYP2A6* têm a propensão para alterar ou aumentar a taxa de metabolismo da nicotina.

O gene dos citocromos P450 2A6 (CYP2A6)

Os citocromos P450 (CYP) fazem parte da superfamília de genes de monooxigenase contendo heme que influenciam principalmente as reacções endógenas e o metabolismo, envolvendo ácidos gordos, colesterol, esteróides e eicosanóides, e a desintoxicação de uma variedade de xenobióticos. Atualmente, existem 57 genes CYP activos, que partilham 40% dos aminoácidos. Estes genes estão classificados em subfamílias: *CYP1, CYP2* e *CYP3* (Ingelman-Sundberg, 2005). *O CYP2A6* pertence à maior e mais diversificada subfamília de agregados genéticos, *CYP2*, que está localizada na região de 500 kb no cromossoma 19q13.2. O genoma humano apresenta três genes *CYP2A* completos: *CYP2A6, CYP2A7* e *CYP2A13*, que partilham até 95% de sequências de ADN idênticas. O gene *CYP2A6* é extremamente polimórfico, uma vez que as suas variantes genéticas são encontradas em abundância na população (Ho, 2011). Estruturalmente, *o CYP2A6* é composto por nove exões e oito intrões. Funcionalmente, *o CYP2A6* é capaz de sintetizar aproximadamente 494 aminoácidos. Atualmente, foram identificados 38 alelos *CYP2A6* numerados e a procura de outros está em curso (ver Sim, 2012 & http://www.cypalleles.ki.se/). A natureza polimórfica do *CYP2A6* é uma consequência de
sua mutação, desde alterações de um único nucleótido, inserções, deleções, conversões e duplicações, que explicam a variabilidade interindividual do gene *CYP2A6* na população. A Tabela 3 apresenta algumas nomenclaturas de variantes do gene CYP2A6.

Quadro 3

Exemplo de estruturas de variantes do gene CYP2A6 e actividades enzimáticas relacionadas com a nicotina Metabolismo

Vanants do gene *CYP2A6*	Mudança de nucleótidos	Alteração de proteínas	Actividades enzimáticas
*CYP2A*1A* (tipo selvagem)	Nenhum	Nenhum	Normal
*CYP2A6*1H*	-745A>G	Perturbação da caixa CCAAT	Diminuir
*CYP2A6*4*	CYP2A6 suprimido	Nenhuma proteína produzida	Nenhum
*CYP2A6*9*	-1013A>G, -48T>G; 51G>A	Alteração na TATA Box	Diminuir
*CYP2A6*12*	Alterar o exão 3-8 da ong CYP2 A6	10 substituições de aminoácidos	Diminuir

Nota. As alterações nos nucleótidos destes genes da nicotina afectam as suas actividades de metabolismo da nicotina Hukkanen et al. (2011).

Funcionalmente, o gene *CYP2A6* faz parte de um sistema de oxidase de função mista e está envolvido no metabolismo de xenobióticos no organismo (National Center of Biotechnology Information

[NCBI], 2012). *A CYP2A6* encontra-se no retículo endoplasmático e exprime-se predominantemente no fígado, onde codifica a enzima responsável pela oxidação da nicotina e da cotinina. Está implicada no metabolismo de vários fármacos, carcinogéneos e vários alcalóides do tipo cumarina, sendo a única enzima no corpo humano que catalisa a 7-hidroxilação da cumarina (Xu et al., 2003). Estudos *in vivo* revelaram que as variantes do gene *CYP2A6* produzem, em diferentes níveis, a enzima hepática responsável pela oxidação da nicotina a 3HC/COT. A estimativa da quantidade de 3HC/COT (razão entre *a trans-3*'-hidroxicotinina e a cotinina) produzida em experiências *in vitro* também permitiu determinar a função de cada alelo da variante genética *CYP2A6* (Johnston et al., 2006). De acordo com Benowitz et al. (2006), os resultados de múltiplas experiências mostram que alguns dos alelos *do CYP2A6* codificam enzimas que não têm qualquer função (por exemplo, *CYP2A6*2, CYP2A6*4*), outros têm uma atividade reduzida (por exemplo, *CYP2A6*9, CYP2A6*12*) e outros têm alelos de duplicação de genes *(CYP2A6*1x2A, *1x2B)* que aumentam a atividade enzimática. A estrutura dos alelos do gene *CYP2A6* contribui para a sua extrema variabilidade na população. Por outro lado, outros factores (por exemplo, idade, sexo e raça/etnia) afectam as actividades do metabolismo do gene *CYP2A6*, o que dificulta a medição do seu impacto real no tratamento da dependência da nicotina. O Quadro 4 apresenta o grupo de metabolizadores da nicotina de acordo com as estimativas das suas actividades enzimáticas no metabolismo da nicotina.

Quadro 4

Estimativas das Variantes do Gene CYP2A6 Actividades Metabolizadoras da Nicotina

Vanants do gene *CYP2A6*	Mudança de nucleótidos	Alteração de proteínas	Actividades enzimáticas
*CYP2A*1A* (tipo selvagem)	Nenhum	Nenhum	Normal
*CYP2A0*1H*	-745A>G	Perturbação da caixa CCAAT	Diminuir
*CYP2A6*4*	CYP2A6 suprimido	Nenhuma proteína produzida	Nenhum
*CYP2A6*9*	-1013A>G, -48TX5; 51G>A	Alteração na TATA Box	Diminuir
*CYP2A6*12*	Alterar o exão 3-8 da ong CYP2A6	10 substituições de aminoácidos	Diminuir

Nota. Em geral, as variantes genéticas diminuem as actividades enzimáticas devido à perda das suas funções (Ho et al., 2010 & Hukkanen et al., 2010).

Factores que Influenciam as Actividades do CYP2A6 no Metabolismo da Nicotina

A pesquisa bibliográfica revelou que os factores fisiológicos, patológicos, a variabilidade interindividual e a raça/etnia influenciam as actividades de metabolismo das variantes genéticas *do CYP2A6*.

Condições fisiológicas

Dieta. Mentol. O mentol é utilizado como aromatizante em alimentos, elixires, pasta de dentes e cigarros. Nos cigarros, prolonga a meia-vida da cotinina nas mulheres (Ahijevych et al., 2002) e MacDougall et al. (2003) referiram que o mentol influencia o metabolismo da nicotina *mediado pelo CYP2A6* como inibidor moderado nos microssomas do fígado humano. Estas afirmações foram demonstradas num estudo *in vivo* por Benowitz, Herrera e Jacob III (2004), que utilizaram um estudo cruzado de fumadores caucasianos e afro-americanos. Os autores descobriram que a depuração renal da nicotina foi reduzida em aproximadamente 10% entre a coorte que fumava cigarros de mentol e levantaram a hipótese de que o mentol pode atuar como um redutor no metabolismo oxidativo da nicotina através da via da cotinina.

Sumo de toranja. O sumo de toranja inibe fortemente o *CYP3A4*, mas também pode inibir as actividades de metabolismo dos genes das subfamílias *CYP1A1/2* e *CYP2C* (Nowack, 2008). Hukkanen et al. (2005) referiram que, em estudos *in vivo*, quantidades de sumo de toranja entre 300 ml e 1000 ml inibiram o metabolismo da cumarina e atrasaram a excreção de 7-hidroxicumarina na urina, mas o(s) composto(s) exato(s) responsável(eis) pela inibição *do CYP2A6* ainda não é conhecido. Outros produtos vegetais também alteram a atividade *do CYP2A6.* O consumo de sumo de erva de trigo também foi associado à redução do metabolismo da cumarina; as flavonas, que se encontram principalmente nos produtos de soja, podem inibir *o CYP1A1, o CYP1B1, o CYP2E1* e *o CYP3A4* (Nowack, 2008).

Idade. As actividades de metabolismo hepático dos medicamentos diminuem nos idosos devido à diminuição do fluxo sanguíneo e do volume do fígado (Wynne, 2005), reduzindo o metabolismo da nicotina e as taxas de depuração. Estatisticamente, a taxa de depuração da nicotina entre os idosos, dos 65 aos 76 anos de idade, é de 23%, em comparação com uma taxa de depuração renal de 49% para os jovens adultos entre os 22 e os 43 anos de idade (Hukkanen et al., 2005). Não foi associada ao metabolismo da nicotina qualquer diminuição da atividade *da* proteína *CYP2A6* relacionada com a idade, mas foram encontradas evidências nos microssomas do fígado humano de indivíduos com idades compreendidas entre os 20 e os 64 anos (Parkinson et al., 2004). No entanto, um estudo realizado em indivíduos caucasianos com idades compreendidas entre os 25 e os 65 anos revelou que o rácio 3HC/COT estava significativamente associado à idade, com um aumento de 2% por cada aumento de cinco anos na idade (Johnstone et al., 2006).

Género. Os resultados de experiências anteriores que compararam a depuração da nicotina e da cotinina em função do sexo indicaram um metabolismo da nicotina mais elevado nas mulheres do que nos homens e alguns conseguiram correlacionar a diferença do metabolismo da nicotina em função do sexo com as actividades de metabolismo *do CYP2A6.* Benowitz et al. (2006) administraram aos participantes infusões intravenosas de um isótopo marcado com nicotina e cotinina e, após a meia-vida da nicotina nos seus corpos, os resultados mostraram que as taxas de eliminação da nicotina eram 20% mais elevadas nas mulheres do que nos homens. Além disso, os autores descobriram que a taxa de libertação de nicotina é 44% mais elevada nas mulheres que tomam contraceptivos orais contendo estrogénio do que nos homens (Benowitz et al., 2006). Em contrapartida, as mulheres que não tomam estes medicamentos têm uma taxa de libertação de nicotina apenas 13% superior à dos homens (Benowitz et al., 2006). A diferença notável do metabolismo da nicotina entre os sexos está também relacionada com as elevadas actividades enzimáticas das variantes *do* gene *CYP2A6* nos microssomas. Por exemplo, o estudo *in vitro de* AL Koudsi et al. (2010) demonstrou que existe um nível 1,9 vezes mais elevado de atividade de ARNm *do CYP2A6*, um nível 2,0 vezes mais elevado de actividades de síntese proteica *do CYP2A6* e taxas 1,5 vezes mais elevadas de atividade de C-oxidação da nicotina nos microssomas do fígado humano das mulheres em comparação com os homens. Além disso, a gravidez tem impacto nas taxas de depuração da nicotina e da cotinina, que aumentam de 40% para 60% durante a gravidez (Dempsey et al., 2002). Os resultados destes estudos sugerem que o metabolismo da nicotina em cotinina é mais elevado nas mulheres do que nos homens e é reforçado pelas hormonas sexuais (provavelmente o estrogénio) nas mulheres.

Diferenças raciais e étnicas nas frequências dos alelos do CYP2A6. Foram observadas diferenças raciais no metabolismo da nicotina e da cotinina, que foram correlacionadas com a diferença nas frequências de diversos alelos do *CYP2A6* em diferentes etnias. Wang et al. (2003) referiram que as frequências dos genótipos *CYP2A6* em indivíduos chineses estavam associadas a uma função de eliminação de alelos *CYP2A6* marcadamente elevada (ou seja, *CP2A6 * 4*); e a sua atividade enzimática é aproximadamente 31% superior à dos indivíduos caucasianos. Esta grande variabilidade interindividual na atividade *do CYP2A6* também foi encontrada experimentalmente nos microssomas do fígado humano, com uma variação superior a 50 vezes na expressão e atividade da proteína do ARNm (Ho et al., 2010). A hipótese é que factores como o sexo e a presença de indutores ou inibidores podem contribuir para a variação da frequência *do CYP2A6* entre raças.

Condições patológicas

Condições patológicas. Hukkanen et al. (2005) referiram que as condições patológicas, como a hepatite viral e a cirrose hepática em alcoólicos, prejudicam o metabolismo da nicotina e da cumarina. A insuficiência renal diminui a depuração renal e metabólica da nicotina e da cotinina em até 50% (Molander et al., 2000), o que se deve potencialmente à formação de toxinas urémicas que podem regular negativamente a expressão *do CYP2A6* ou atuar como inibidores *do CYP2A6.* Além disso, especula-se que a acumulação de toxinas urémicas pode inibir a atividade *do CYP2A6* ou reduzir a expressão *do CYP2A6* no fígado. O metabolismo hepático de vários fármacos também é reduzido na insuficiência renal, principalmente através da regulação negativa das enzimas P450 e/ou da inibição dos transportadores (Nolin et al., 2003).

Indutores de medicamentos. Foi demonstrado que alguns medicamentos induzem *o CYP2A6* em culturas de hepatócitos primários humanos, incluindo os indutores prototípicos, a rifampicina, a dexametasona e o fenobarbital, embora exista uma grande variabilidade inter-individual na resposta a esses medicamentos (Madan et al., 2003). Foi recentemente demonstrado que a rifampicina inibe a atividade *do CYP2A6*, medida pela cumarina 7-hidroxilase, com um IC50 de 39_M (Xian et al., 2002). Este facto pode explicar em parte os resultados altamente variáveis da indução *do CYP2A6* detectados com a concentração de 50_M de rifampicina geralmente utilizada nos estudos de indução.

Inibidores da medicação. Vários compostos são inibidores do metabolismo da nicotina *mediado pelo CYP2A6 in vitro*, como o metoxsalen (8-metoxipsoralen), a tranilcipromina, a triptamina, a cumarina e o neomentil tiol (Le Gal, Dreano, Lucas e Berthou, 2003; MacDougall et al., 2003). Outros inibidores da 7-hidroxilação da cumarina, tais como a pilocarpina, a metirapona, o *R*-(_)-metofurano, a _-nicotirina, o naftaleno, o 4, 4_-dipiridildissulfureto, a 2-(*p-tolil*)-etilamina, a nootkatona, vários antifúngicos azólicos e a rifampicina, também devem inibir *a C-oxidação* da nicotina (Denton et al., 2004). O raloxifeno é um potente inibidor da aldeído oxidase e demonstrou inibir a formação de cotinina em ião nicotina-Ai1)(5)-iminio no citosol do fígado humano (Obach, 2004). Outros produtos químicos do tabaco influenciam a taxa de metabolismo da nicotina. Recentemente, demonstrou-se que a P-nicotirina, um alcaloide menor do tabaco, inibe eficazmente a atividade enzimática *do CYP2A6* in *vitro* (Denton et al., 2004).

Terapias para a dependência da nicotina

Instrumentos de diagnóstico e prognóstico da nicotina

A dependência da nicotina é uma perturbação complexa e multifacetada, tendo sido concebidos vários instrumentos de medição para avaliar os níveis individuais de dependência e dependência da nicotina. Cada medida tem as suas próprias vantagens e limitações (Piper et al., 2006). Estes dispositivos consistem numa escala de diagnóstico utilizada para fornecer uma avaliação quantitativa da gravidade da dependência do tabaco.

O Teste de Fagerstrom para a dependência da nicotina (FTND). O FTND tem uma elevada fiabilidade teste-reteste. É uma medida aceitável e válida em termos de previsão das tentativas individuais de deixar de fumar ou da probabilidade de recaída na cessação, intervenção e tratamento do tabagismo. A facilidade de utilização e a brevidade do FTND também fazem dele um instrumento útil de medição da dependência da nicotina em estudos clínicos e epidemiológicos (Piper et al., 2008).

Manual de Diagnóstico e Estatística IV **(DSM-IV).** Os sistemas formais de diagnóstico da nicotina, como o Manual de Diagnóstico e Estatística IV (DSM-IV) e a Classificação Internacional de Doenças-10 (CID), avaliam diferentes aspectos do comportamento tabágico que conduzem à dependência da nicotina (Piper et al., 2008).

Escala da Síndrome de Dependência da Nicotina (NDSS) e o Wisconsin Inventory Smoking Motive (WISD-68). Além disso, duas escalas abrangentes e multidimensionais de dependência da nicotina, a Escala da Síndrome de Dependência da Nicotina (NDSS) e o Wisconsin Inventory Smoking Dependence Motive (WISD-68), são avaliadas através de questionários sobre o comportamento tabágico (Piper et al., 2008). Estes instrumentos ajudam a determinar o nível de dependência da nicotina num indivíduo.

Farmacoterapias para a dependência da nicotina

A terapêutica de substituição da nicotina (TSN), a bupropiona (Zyban®) e a vareniclina (Champix®) são três tipos de medicamentos utilizados na cessação tabágica, aprovados pela Food and Drug Administration (FDA) nos EUA e pela Health Canada (Kortmann, et al., 2010) e que podem ser utilizados de diferentes formas.

Terapia de substituição da nicotina (TSN). A TSN substitui parcialmente a nicotina para reduzir os desejos e os sintomas de abstinência (Stead et al., 2008). A TSN existe em várias formulações, como pastilhas elásticas, adesivos transdérmicos, sprays nasais, inaladores de vapor e comprimidos e pastilhas sublinguais. Estas TRN consistem num tampão de pH alcalino que aumenta a absorção da nicotina através das membranas celulares, imitando o aumento gradual da nicotina no cérebro e nos níveis sanguíneos, sem atingir os picos acentuados observados no tabagismo real, que conduzem à dependência (Hukkanen et al., 2005). O mecanismo terapêutico da TSN consiste na libertação de baixos níveis de substituição de nicotina (*produtos ad-libitum*) que resultam em um terço a dois terços dos níveis de nicotina obtidos com o consumo moderado a intenso de cigarros (Hukkanen et al., 2005). A goma de mascar, as pastilhas, os sprays nasais e os inaladores orais redireccionam a absorção da nicotina, que ocorre principalmente através da mucosa da cavidade oral e nasal, em vez dos pulmões (Hukkanen et al., 2005). Uma meta-análise de ensaios clínicos aleatórios demonstrou que a TSN melhora significativamente a probabilidade de deixar de fumar, em comparação com a utilização de um placebo. A percentagem de indivíduos que deixaram de fumar com sucesso num tratamento com TSN no prazo de 6 meses foi de 17%, em comparação com 10% no tratamento com placebo (McNeil et al., 2010). No entanto, a TSN apenas proporciona um alívio temporário no tratamento da dependência da nicotina. Além disso, uma meta-análise de 132 ensaios mostrou que o risco relativo de abstinência para qualquer forma de TSN em comparação com o controlo com placebo era de *RR* = 1,58, IC 95% [1,50; 1,66] (Stead et al., 2008).

Bupropiona Zyban®. A bupropiona é comercialmente designada por Zyban® e foi originalmente formulada como um antidepressivo atípico. Desde então, tem sido eficaz no tratamento da dependência da nicotina e da depressão (Hughes, Stead, & Lancaster, 2007). Especificamente, diminui os desejos e trata a dependência da nicotina e os sintomas de abstinência associados aos sintomas relacionados com o tabagismo, tais como perturbações do humor, dificuldade de concentração e irritabilidade (Durcan et al., 2002). Os mecanismos e processos neurobiológicos através dos quais a bupropiona ajuda a deixar de fumar não são claros (Kortmann et al., 2010). No entanto, existe uma teoria segundo a qual actua como antagonista não competitivo dos *nAChRs* cerebrais (Slemmer, Martin e Ima Damj, 2000), ligando-se aos transportadores de dopamina do estriado e impedindo a recaptação de dopamina (Learned-Coughlin et al., 2003). Alguns ensaios clínicos aleatórios mostraram que as taxas de abandono do tabaco após o tratamento com bupropiona observadas aos 6 meses são de aproximadamente 17%, em comparação com uma média de 9% no grupo placebo (McNeil et al., 2010), o que é baixo, e foram realizados poucos estudos sobre a sua interação com os genes da nicotina. Além disso, os resultados de uma meta-análise de 36 ensaios para a bupropiona mostraram que o risco relativo de abstinência a longo prazo aos 6 meses era de *RR* = 1,69, 95% CI [1,53; 1,85] em comparação com o placebo (Hughes et al., 2007). O risco relativo de 1,69 mostra também que a bupropiona tem um impacto significativo nos resultados do tratamento da nicotina. Em comparação, o risco relativo da bupropiona para a abstinência a longo prazo (1,69) no tratamento da dependência da nicotina é ligeiramente superior ao da TSN (risco relativo de 1,66). Em conclusão, ambos os tratamentos proporcionam um alívio temporário no tratamento da dependência da nicotina.

Vareniclina Champix ®.A vareniclina é também conhecida como Champix ® e consiste num agonista parcial dos *a4[^{J} >2 nAChRs* (McNeil et al. 2010). Ensaios clínicos e aleatórios mostraram que a vareniclina proporciona taxas de abstinência relativamente longas após 6 meses de tratamento, aproximadamente 26%, em comparação com 11% para o tratamento com placebo (McNeil et al., 2010). Estas provas demonstraram que o impacto da vareniclina no tratamento da nicotina é significativo. Os resultados de Cahill et al. (2008) de uma meta-análise de 7 ensaios mostraram que o risco relativo de abstinência a longo prazo aos 6 meses para o tratamento com vareniclina era de 2,33 (intervalo de confiança de 95% 1,95 a 2,8). O risco relativo é de 1,5 para a vareniclina no final do tratamento de abstinência a longo prazo de 12 meses, em comparação com a bupropiona. Este resultado mostra que a vareniclina é um medicamento para a nicotina ligeiramente mais eficaz do que o bupropiona.

Terapia cognitivo-comportamental (TCC)

A terapia cognitivo-comportamental (TCC) consiste em intervenções de aconselhamento e motivação que são geralmente combinadas com a terapia farmacológica para tratar a dependência da nicotina. A TCC foi concebida para fornecer apoio moral e material, para ajudar as populações de alto risco de dependência da nicotina a contornar a pressão social e económica e a ter auto-eficácia para evitar a nicotina em primeiro lugar, ou para a deixar de uma vez (Ahluwalia et al., 2006). Na prática, a TCC é combinada com outros tratamentos para aliviar a dependência da nicotina, para identificar e quebrar a associação entre as pistas ambientais e sociais que motivam os toxicodependentes a fumar e para lidar com o stress associado à abstinência da nicotina. A combinação de aconselhamento e farmacoterapia foi mais eficaz no tratamento da nicotina do que a farmacoterapia isolada, com *OR* = 1,4, IC 95% [1,2-1,6] (Fiore et al., 2008; Hajek et al., 2009). A terapia CBT também proporciona apenas um alívio temporário.

Limitações das terapias para a dependência da nicotina

A cessação do tabagismo traz grandes benefícios para a saúde de homens e mulheres de todas as idades. No entanto, continua a ser difícil obter uma cura a longo prazo para a dependência da nicotina, uma vez que mais de 80% dos fumadores moderados a pesados que procuram tratamento têm uma recaída no prazo de um ano (Hughes et al., 2004). Embora tenham sido desenvolvidos muitos métodos para ajudar a deixar de fumar (por exemplo, farmacoterapia e aconselhamento comportamental), os tratamentos atualmente disponíveis continuam a ter uma eficácia bastante limitada. O comportamento tabágico é sustentado pela estimulação dos receptores nicotínicos no cérebro, em particular *os receptores$_{4}$ fi$_{2}$*, que libertam dopamina na área mesolímbica do cérebro para reforçar o efeito prazeroso da nicotina.

O mecanismo de recaída da dependência da nicotina consiste no seguinte: a abstinência da nicotina reduz a libertação de dopamina, o que desencadeia sintomas de abstinência da nicotina, incluindo estados de humor desagradáveis (irritabilidade, ansiedade, depressão, inquietação), mas também falta de concentração, fome e perturbações do sono e desejo de nicotina. Estes sintomas de abstinência desafiam muitas vezes a eficácia das farmacoterapias actuais (bupropiona, nortriptilina, clonidina e adesivos de nicotina, pastilhas, inaladores, pastilhas, sprays nasais e TCC apenas proporcionam um alívio temporário). Estas terapêuticas proporcionam apenas um alívio moderado: cerca de 80% dos doentes que utilizam um destes medicamentos voltam a fumar no primeiro ano. Embora estes tratamentos farmacológicos, combinados com a intervenção comportamental, possam ajudar a alcançar uma abstinência relativamente longa do consumo de nicotina, são limitados devido à sua falta de adaptação à constituição genética individual.

Literatura sobre estudos de dependência da nicotina *relacionados com o CYP2A6* **Estudos de caso-controlo**

Vários estudos de caso-controlo demonstraram uma grande variabilidade interindividual das frequências das variantes *do CYP2A6* e das actividades de metabolismo da nicotina. Ho et al. (2010) compilaram provas de grandes estudos de caso-controlo sobre a influência das variantes genéticas *do CYP2A6* na farmacocinética e farmacologia da nicotina. Os autores descobriram que os indivíduos portadores das variantes CYP2A6 CYP2A6*2, *CYP2A6*4, CYP2A*17 e CYP2A*20* tinham 1,7 vezes mais probabilidades de deixar de fumar do que os não portadores. Estes tipos de variantes genéticas do *CYP2A6* neutralizam a maior parte da nicotina inalada, reduzindo a reação enzimática que converte a nicotina numa nicotina-5'-miniina instável, da qual até 10%-35% serão eliminados como componentes urinários.

Nakajima (2006), num estudo quantitativo, comparou diferentes alelos das actividades de metabolismo da nicotina dos genes *CYP2A6* e encontrou uma grande variabilidade interindividual nos rácios cotinina/nicotina em raças com as seguintes médias: Caucasiana 7,1 +/- 4,7; Negra 7,2 +/- 5,0; Chinesa, 8,7 +/- 11,9; e Japonesa, 3,8 +/- 3,1.

Kubota et al. (2006) descobriram que o metabolizador principal normal de nicotina do gene *CYP2A6* está associado a uma ingestão diária de nicotina em comparação com outros candidatos a genes da nicotina (*OR* = 6,0), indicando que existe uma suscetibilidade significativa do gene *CYP2A6* no desenvolvimento do comportamento tabágico. Embora estudos anteriores tenham associado a dependência da nicotina ao *CYP2A6*, um estudo de meta-análise de mais de 35 estudos de caso-controlo realizado por Carter, Long e Cinciripini (2004) não forneceu provas de qualquer influência do *CYP2A6* na dependência e no tratamento da nicotina.

Ensaios clínicos

Até à data, foram publicados poucos ensaios clínicos de cessação do tabagismo que demonstrem que a atividade *do CYP2A6* está associada ao sucesso da cessação do consumo de nicotina (Lerman et al, 2010). Utilizando dados gerados por 3 ensaios clínicos em populações caucasianas, Patterson et al. (2008) demonstraram que os indivíduos que utilizavam o tratamento com adesivo transdérmico de nicotina, com um rácio 3HC/COTT baixo e uma atividade lenta *do* metabolismo da nicotina das variantes *do CYP2A6*, tinham uma probabilidade significativamente maior de deixar de fumar do que os indivíduos com rácios 3HC/COTT elevados (indicativos de actividades normais *do* metabolismo da nicotina *do CYP2A6*) na oitava semana de tratamento (46% contra 28%) e no seguimento de 6 meses (30% contra 11%). Este estudo foi repetido comparando os resultados de 8 semanas com o tratamento prolongado (24 semanas) com adesivo transdérmico de nicotina (Lerman et al., 2010) e foram obtidos os mesmos resultados; em contrapartida, as taxas de abandono do tabaco não diferiram em função da atividade *do CYP2A6* para os indivíduos que tomaram bupropiona (Patterson, et al., 2008). Destes estudos resulta que as actividades enzimáticas das variantes *do CYP2A6* estão correlacionadas com a variação dos comportamentos tabágicos e estão implicadas nos tratamentos com nicotina.

Lacuna de conhecimento

As variantes *do CYP2A6* inibem e reduzem de forma variável a dependência da nicotina e desempenham um papel importante na absorção, distribuição e depuração da nicotina, o que implica o seu potencial clínico (Hukkanen, 2005). Além disso, as variantes *do CYP2A6* têm sido associadas ao comportamento tabágico, ao desenvolvimento e ao tratamento da dependência da nicotina em estudos epidemiológicos quantitativos e laboratoriais em seres humanos (Ho et. al., 2010).

Embora todos estes resultados de investigação tenham demonstrado que a função *CYP2A6* pode ser utilizada na prática clínica, existe dificuldade em aproveitar os seus benefícios para a saúde para melhorar o tratamento, devido à sua interação com outros factores genéticos e ambientais que tornam o seu papel terapêutico hipotético e pouco claro (Kortmann, 2010). Até à data, faltam estudos que tenham fundamentado especificamente os benefícios para a saúde das variantes *do CYP2A6* em correlação com outros factores genéticos que possam ajudar no tratamento da dependência da nicotina.

Resumo das metodologias

Os desenhos de estudos transversais e os modelos de regressão logística são frequentemente utilizados nos estudos que envolvem a análise da correlação entre variáveis independentes e dependentes num contexto clínico. Checkwoay, Pearce e Kriebel (2004) sugeriram que os estudos transversais são preferidos para descrever o impacto dos factores associativos no resultado do tratamento. Além disso, Cordell (2009) afirmou que esta forma de estudo aumenta o poder de deteção da associação, para encontrar interações entre loci que possam esclarecer as vias biológicas e bioquímicas subjacentes a doenças complexas, como a dependência da nicotina.

O desenho de estudo transversal foi utilizado na maioria dos estudos destinados a caraterizar a substanciação gene-gene e gene-ambiente. Além disso, a investigação transversal é utilizada predominantemente nas ciências sociais para descrever a associação entre factores de risco para a saúde existentes numa população, porque ajuda a fundamentar rapidamente os factores de saúde relacionados com a prevalência de doenças na população num determinado momento. (Checkwoay et al., 2004). No entanto, a investigação transversal não define a causa-efeito das associações de variáveis, mas sim a sua relação de correlação (Frankfort-Nachimias & Nachimias, 2008).

O método de análise estatística utilizado na maior parte da investigação foi a regressão logística. Outros métodos estatísticos, como a ANOVA de duas vias e o qui-quadrado, também foram utilizados pelos investigadores. Os modelos de regressão logística foram utilizados para prever a probabilidade de ocorrência da associação entre as variáveis independentes e a variável dependente. Este estudo opta por análises multivariadas, envolvendo a utilização de um modelo de regressão logística, uma vez que a dependência à nicotina é causada por múltiplos factores ambientais e genéticos.

Resumo

A revisão da literatura revela que o desenvolvimento da dependência da nicotina é um processo biológico complexo que envolve múltiplos factores biológicos (genes), factores ambientais (idade, localização, sexo, estatuto económico, nível de escolaridade e cultura) e factores psicológicos (stress e humor). No entanto, estudos de gémeos, de adoção, ensaios clínicos e estudos de caso-controlo sugerem que há fortes indícios da influência das variantes genéticas na etiologia e no tratamento da dependência da nicotina, tendo as contribuições das variantes genéticas sido avaliadas em mais de 50% (Kortmann et al., 2010), o que revela a possibilidade de influência genética no desenvolvimento da dependência da nicotina e de utilização de informação sobre variantes genéticas no tratamento da nicotina.

Embora a revisão da literatura tenha mostrado que as variantes *do CYP2A6* foram identificadas como as principais variantes da nicotina e foram associadas à taxa de abandono da nicotina em alguns ensaios clínicos que utilizaram bupropiona e NRT, os seus papéis terapêuticos permanecem hipotéticos e pouco claros, devido à sua variabilidade na população e à dificuldade em replicar as suas funções (Kortmann et al., 2010). Ninguém sabe exatamente em que medida os genes *CYP2A6* se correlacionam com outros factores de risco de dependência da nicotina (síndromes de nicotina e de abstinência).

Consequentemente, é um desafio encontrar uma cura para a suscetibilidade à dependência da nicotina, sublinhando a limitação do tratamento convencional devido, em parte, à falta de personalização do tratamento da dependência da nicotina. Por conseguinte, continua a ser difícil conseguir um tratamento eficaz da dependência da nicotina, uma vez que mais de 80% dos fumadores adultos que passam por um tratamento recaem no espaço de um ano, criando enormes encargos sociais, económicos e de saúde pública (Bonewitz, 2008). Além disso, é difícil desvendar o papel das variantes genéticas e a forma de as utilizar para conceber uma terapia eficaz, e faltam estudos que avaliem, através de análises multivariáveis, as variantes dos genes *CYP2A6* em correlação com a dependência da nicotina e a síndrome de abstinência, bem como com outros genes. Este estudo de correlação examinará em que medida as variantes principais *do CYP2A6* estão correlacionadas com outros factores de risco de dependência da nicotina.

Capítulo 3

Método de investigação

Introdução

O objetivo deste estudo foi avaliar o impacto da associação entre as principais variantes genéticas *do CYP2A6* (alelos metabolizadores lentos e normais da nicotina) e as síndromes de dependência e abstinência da nicotina, o tipo de terapêutica e as variantes genéticas *do CYP2BA6*6* nos resultados do tratamento com nicotina. O capítulo 3 descreve a metodologia de conceção do estudo, a técnica de amostragem, os instrumentos utilizados e a análise estatística dos dados, bem como as considerações éticas relativas à participação dos sujeitos e as questões de confidencialidade para proteger os registos dos participantes. A descrição da conceção do estudo apresenta uma justificação para a escolha do método de conceção. São apresentados os métodos de amostragem, as caraterísticas, a dimensão e o poder, bem como a descrição dos instrumentos utilizados para a análise estatística. O processamento e a análise da recolha de dados, incluindo todas as precauções adoptadas para evitar erros e prevenir o enviesamento do estudo, também são discutidos.

Abordagem e justificação da conceção da investigação Descrição das variáveis

As variáveis utilizadas neste estudo podem ser divididas em três categorias: variáveis independentes, dependentes e covariáveis.

As variáveis independentes incluíram as principais variantes genéticas *do CYP2A6* classificadas como genes metabolizadores principais lentos e normais da nicotina e a variante genética CYP2A6*6, o tipo de terapêutica utilizada nos ensaios clínicos e a dependência da nicotina, bem como as pontuações da síndrome de abstinência. SM: Variantes genéticas *do CYP2A6* metabolizador lento da nicotina (*CYP2A6*1H, CYP2A6*4A,*
*CYP2A6*9A,* e *CYP2A*12A)* que são identificados como genes da nicotina, mas que não são factores de risco para a dependência da nicotina. NM: metabolizador principal normal da nicotina *CYP2A6*, variante do gene *CYP2A6*1A*, que aumenta o consumo de nicotina porque ativa a nicotina a uma velocidade alarmante, predispondo os consumidores de nicotina que a possuem a tornarem-se dependentes da nicotina, e variante do gene *CYP2B6*6*, que interage com algumas variantes do gene *CYP2A6* no processo de metabolismo da nicotina (Ring & Valdes, 2007). Os tipos de terapia são a terapia de substituição da nicotina (adesivo, goma e spray), placebo e bupropiona. As pontuações da dependência da nicotina e da síndrome de abstinência são medidas utilizadas para avaliar a dependência da nicotina dos participantes. ND: estado da síndrome de dependência da nicotina (não dependente da nicotina: 0-4 pontuações; dependente da nicotina 5-10 na escala de NDSS) ou FTDN (0-4) não dependente; (5-10) dependente, e WD: estado da síndrome de abstinência da nicotina (não apresenta síndrome de abstinência da nicotina: 0-4 pontuações; apresenta síndrome de abstinência da nicotina: 5-10 na escala de WISDM) para cada participante.

A variável dependente consistia na situação de abandono do tabagismo (QS). Os participantes comunicaram a sua situação de abandono do tabagismo, respondendo se tinham (resposta = sim) ou não (resposta = não) deixado de fumar ao fim de 6 meses.

As covariáveis incluíram a idade, a raça/etnia, o género e o nível de escolaridade. A raça/etnia tem impacto na dependência da nicotina. As frequências da variante genética *CYP2A6* são extremamente variáveis entre raças e influenciam a dependência da nicotina e a hereditariedade do comportamento tabágico. A idade afecta o volume de depuração da nicotina, porque o volume de depuração da nicotina diminui entre os fumadores adultos idosos, e a prevalência da nicotina relatada por estudos anteriores é mais elevada nas mulheres do que nos homens. Os resultados da revisão da literatura revelaram que existe uma diferença de género no metabolismo e na depuração da nicotina. Basicamente, o metabolismo e a depuração da nicotina são 20 vezes mais elevados nas mulheres do que nos homens, e a taxa de metabolismo aumenta nas mulheres grávidas ou quando utilizam hormonas estrogénicas. O nível de escolaridade também afecta a dependência da nicotina, uma vez que esta diminui com o aumento do nível de escolaridade. Estas variáveis covariáveis podem ser consideradas como modificadoras ou co-fundadoras, uma vez que o seu efeito pode causar alterações significativas na prevalência do tabagismo. Além disso, serão aplicadas análises estratificadas para destacar os efeitos causais da idade, da raça/etnia, do género e da incidência da dependência da nicotina entre mulheres e homens. A Tabela 5 resume as variáveis dependentes e independentes.

Quadro 5

Variáveis dependentes e independentes do estudo

Variável	Descrição

Variável dependente	**1-QS: Situação de abandono da atividade profissional no prazo de 6 meses O estado de abstinência auto-declarado dos participantes, verificado por um teste de monóxido de carbono.**
Variáveis independentes	**1-Genes valiantes** **SM: Metabolização lenta da nicotina!" das variantes do gene *CYF2A6* - CYP2A6*!H, *CYP2A6*4A, CYP2A6*9A e CYP2A6*12A-*** **NM: metabolizador normal de nicotina da variante do gene CYP2A6 - *CYP2A6 *1A-*** ***CYP2B6*6:* Variante do gene *CYP2B6*6* que interage com SM e NM de variantes do gene *CYP2A6*** **2-Genótipos dos participantes** **Portador: Participantes portadores de variantes específicas do gene da nicotina utilizadas neste estudo.** **Não-canário: Participantes que são portadores do gene específico utilizado neste estudo** **3-Tipos de agentes do tabaco-** **NRT: Terapia de substituição da nicotina.** **Bupropiona *3c* Placebo utilizado em ensaios clínicos** **4-Dependência da nicotina Pontuações das medições** **ND: Pontuação de dependência de nicotina do participante na escala de FTND.NDSS. Pontuação baixa (0-4); Pontuação alta (5-10) WD: Pontuação do participante na síndrome de abstinência escala do WISDM. Pontuação baixa (0-4); Pontuação alta (5-10)**
Covariáveis	**1-As idades dos participantes, (b) etnia/raça, (c) habilitações literárias e (d) género.**

Nota: FTND: Teste de Fagerstrom para a dependência da nicotina. NDSS: Escala da Síndrome de Dependência da Nicotina WISDM: Wisconsin Inventory of Smoking Dependence Motives (Inventário Wisconsin de Motivos de Dependência do Fumo). ND: Síndrome de dependência da nicotina. WD: Síndrome de abstinência da nicotina.

Fundamentação da conceção da investigação

Este estudo utilizou uma abordagem correlacional para avaliar quantitativamente o impacto das variantes genéticas *do CYP2A6* nos resultados do tratamento da dependência da nicotina, quando associadas a outros factores de risco, como a dependência da nicotina e as síndromes de abstinência, o tipo de terapia e outros genes com os quais possam interagir na sua vizinhança (por exemplo, *CYP2B6*). O estudo descreveu a importância de uma associação entre diferentes factores de risco, como as variantes genéticas *do CYP2A6*, a dependência da nicotina e as síndromes de abstinência, o tipo de terapêutica e o CYP2B6*6, que podem influenciar o resultado do tratamento da dependência da nicotina (deixar ou não deixar de fumar) com base em conclusões anteriores (Kortmann et al., 2010). A abordagem utiliza uma metodologia de análise multivariável para examinar os factores de risco observados em estudos anteriores que influenciam o desenvolvimento e o tratamento da dependência da nicotina (Hukkanen et al., 2005; Kortmann et al., 2010; Patterson et al., 2008). O estudo utiliza um método de investigação transversal.

Checkwoay et al. (2004) afirmaram que a utilização de um estudo transversal é o melhor desenho de estudo para permitir que os estudos clínicos detectem alterações no estado de saúde em relação a exposições ambientais. O objetivo deste estudo foi avaliar as variantes genéticas *do CYP2A6* (alelos lentos e normais) que pertencem ao gene da superfamília *CYP2* (que são conhecidos como metabolizadores primários da nicotina) associadas a factores de risco da nicotina, síndromes de dependência e abstinência da nicotina, fármacos relacionados com a nicotina (Bupropiona/NRT) e outros genes como indicadores/predicadores clínicos no diagnóstico/prognóstico no tratamento da dependência da nicotina. A influência das variantes *do CYP2A6* no desenvolvimento e no tratamento da dependência da nicotina foi documentada na literatura anterior relacionada com ensaios clínicos e aleatórios e estudos transversais, essencialmente a sua associação à taxa de abandono da nicotina numa série de estudos quantitativos (Hukkanen et al., 2005; Kortmann et al., 2010; Patterson et al., 2008).

No entanto, a revisão da literatura revelou a falta de informação sobre o impacto da correlação das variantes *do CYP2A6* com factores ambientais e genéticos nos resultados do tratamento da dependência da nicotina (Ho et al., 2010; Khoury et al., 2010; Kortmann et al., 2010). Por conseguinte, o objetivo do desenho deste estudo foi comprovar os benefícios para a saúde das variantes do gene *CYP2A6* em correlação com outros factores de risco na análise multivariável e fornecer modelos multivariáveis práticos que possam identificar a melhor combinação de informações de diagnóstico para melhores escolhas de tratamento.

Questões de investigação e hipóteses

Questão de investigação 1

Como é que as associações entre as variantes do gene *CYP2A6* metabolizador lento da nicotina, a síndrome de abstinência da nicotina e o tipo de terapia (bupropiona ou NRT) afectam o resultado do tratamento da dependência da nicotina?

Hipótese 1

Ho: As associações entre as variantes do gene *CYP2A6* metabolizador lento da nicotina, a síndrome de dependência da nicotina ou a síndrome de abstinência da nicotina e o tipo de terapia (bupropiona ou NRT) não têm um impacto significativo no resultado do tratamento da dependência da nicotina.

Ha: As associações entre as variantes do gene *CYP2A6* metabolizador lento da nicotina, a síndrome de dependência da nicotina ou a síndrome de abstinência da nicotina e o tipo de terapia (bupropiona ou TSN) têm um impacto significativo nos resultados do tratamento da dependência da nicotina.

Questão de investigação 2

Como é que as associações entre as variantes do gene *CYP2A6* metabolizador normal *da* nicotina, a dependência da nicotina ou a síndrome de abstinência da nicotina e o tipo de terapia (bupropiona ou NRT) afectam o resultado do tratamento da dependência da nicotina?

Hipótese 2

Ho: As associações entre variantes do gene *CYP2A6* metabolizador normal da nicotina, síndrome de dependência da nicotina ou síndrome de abstinência da nicotina e tipo de terapia (bupropiona ou NRT) não têm um impacto significativo no resultado do tratamento da dependência da nicotina.

Ha: As associações entre as variantes do gene *CYP2A6* metabolizador normal da nicotina, a síndrome de dependência da nicotina e a síndrome de abstinência da nicotina, e o tipo de terapia (bupropiona ou NRT) têm um impacto significativo no resultado do tratamento da dependência da nicotina.

Questão de investigação 3

Como é que uma interação entre as variantes *do gene CYP2A6* metabolizador lento da nicotina, a variante do gene *CYP2B6*6*, a síndrome de dependência da nicotina ou a síndrome de abstinência da dependência da nicotina e o tipo de terapia (bupropiona ou NRT) afectam o resultado do tratamento da dependência da nicotina?

Hipótese 3

Ho: As variantes do gene *CYP2A6* metabolizador lento da interação da nicotina com as variantes *do* gene *CYP2B6*6,* a síndrome de dependência da nicotina ou a síndrome de abstinência da dependência da nicotina e o tipo de terapia (bupropiona ou NRT) não têm um impacto significativo no resultado do tratamento da dependência da nicotina.

Ha: As variantes do gene *CYP2A6* metabolizador lento da interação da nicotina com a variante do gene *CYP2B6*6,* a síndrome de dependência da nicotina ou a síndrome de abstinência da dependência da nicotina e o tipo de terapia têm um impacto significativo no resultado do tratamento da dependência da nicotina.

Questão de investigação 4

Como é que uma interação entre as variantes *do gene CYP2A6* metabolizador normal da nicotina, a variante do gene *CYP2B6*6*, a síndrome de dependência da nicotina ou a síndrome de abstinência da dependência da nicotina e o tipo de terapia (bupropiona ou NRT) afecta o resultado do tratamento da dependência da nicotina?

Hipótese 4

Ho: A interação das variantes do gene *CYP2A6* metabolizador normal da nicotina com a variante do gene *CYP2B6*6*, a síndrome de dependência da nicotina ou a síndrome de abstinência da dependência da nicotina e o tipo de terapia (bupropiona ou NRT) não têm um impacto significativo no resultado do tratamento da dependência da nicotina.

Metodologia

População do estudo e participantes

Os participantes foram selecionados entre indivíduos dependentes de nicotina que procuravam tratamento para deixar de fumar em Madison e Milwaukee, WI, EUA. Foram recolhidas amostras de mais de 9 mil fumadores adultos com idades compreendidas entre os 18 e os 80 anos (NCBI, 2011) como participantes em ensaios clínicos aleatórios organizados pela UW-TTURC entre 2001 e 2009. Cerca de 2.575 indivíduos foram incluídos em ensaios clínicos aleatórios que envolviam diferentes tratamentos medicamentosos.

Outros 2 mil participantes doaram amostras de sangue para estudos genéticos (NCBI, 2011). O pedido de autorização para obter os conjuntos de dados necessários foi dirigido ao National Institutes of Health. Uma técnica de amostragem adequada serviu de método para formar uma amostra populacional com o poder e a dimensão de efeito corretos. As coortes expostas e não expostas foram formadas de acordo com critérios de inclusão rigorosos. **Amostragem e procedimento de amostragem**

A determinação da amostra seguiu os procedimentos de amostragem da epidemiologia genética (Gauderman e Morrison, 2007) utilizados para calcular a dimensão da amostra necessária apenas para o parâmetro da interação gene-gene, gene-ambiente e correlação ambiente-traço, após a utilização dos seguintes critérios de inclusão rigorosos para formar uma coorte de participantes elegíveis.

Critérios de inclusão para a seleção de participantes para a definição da coorte

Os registos de informação dos participantes deviam refletir com exatidão as seguintes condições:

1. Gravidade da dependência da nicotina: Pode ser classificada como dependente de nicotina na Escala da Síndrome de Dependência de Nicotina (NDSS) ou no Teste de Fagerstrom para a Dependência de Nicotina (FTND), e na Escala de Retirada de Nicotina utilizando o Inventário Wisconsin de Motivos de Dependência do Fumo (WISDM) para identificar coortes expostas e não expostas.
2. Os participantes (homens e mulheres) devem ter assinado os formulários de consentimento e os registos adequados para os estudos realizados pela UW-TTURC de 2001 a 2009.
3. Os participantes devem ter entre 18 e 80 anos de idade.
4. Os participantes devem ter variantes significativas lentas ou normais *do gene CYP2A6* e variantes *do* gene *CYPB6*6* nos seus dados genotípicos.

Além disso, era necessário que os participantes tivessem vivido em Madison ou Milwaukee, WI, entre 2001 e 2009, e que tivessem participado num ensaio clínico que envolvesse o tratamento com nicotina durante mais de 1 ano, sendo necessário conhecer os resultados finais do tratamento (abandono ou não). O estado de abstinência foi determinado após 6 meses a 1 ano de acompanhamento dos pacientes.

Determinação da dimensão da amostragem do estudo

O cálculo do tamanho da amostra foi efectuado com base nos seguintes valores de parâmetros que são normalmente utilizados para formar grupos expostos e não expostos em estudos correlacionais: o poder estatístico do estudo, o tamanho do efeito, as frequências dos alelos e o nível de significância (alfa; Frankfort-Nachimias & Nachimias, 2008). O poder do estudo é definido como a probabilidade de rejeitar a hipótese nula quando esta não é verdadeira, e um poder mais elevado indica que existe uma menor probabilidade de não rejeitar a hipótese nula quando esta é falsa (erro de tipo II; Ziegler & Konig, 2010). Para este cálculo, foi utilizado um poder de 80%. Foi utilizado um valor de 0,05 para o nível de significância, o que indica que existe uma probabilidade de 5% de cometer um erro do tipo I ou de rejeitar incorretamente a hipótese nula. O valor da frequência dos alelos foi escolhido com base nos resultados de estudos anteriores sobre a maioria das variantes genéticas do *CYP2A6,* em que a frequência dos alelos variou entre 0,12 e 0,40 e teve uma prevalência de exposição ambiental ao tabagismo de 0,3 (Sellers et al., 2003). O software QUANTO Versão 1.2 (Gauderman & Morrison, 2007) foi utilizado para calcular as dimensões das amostras necessárias apenas para o parâmetro interação gene-gene, gene-ambiente e correlação ambiente-traço. Com base nesta informação, foi utilizada uma amostra de tamanho N = 1.730 para este estudo. A Tabela 5 resume os parâmetros utilizados para determinar a dimensão da amostra utilizada neste estudo.

Recolha, processamento e análise de dados

Este estudo utilizou conjuntos de dados fenotípicos e genotípicos existentes selecionados a partir de três estudos sobre a dependência da nicotina e o tratamento para deixar de fumar realizados pelo Estudo Genético Colaborativo da Dependência da Nicotina (COGEND; PI: Laura Beirut) e pelo Centro de Investigação Transdisciplinar sobre o Uso do Tabaco da Universidade de Wisconsin (UW- TTURC; PI: Timothy Baker; NCBI, 2011).

Os conjuntos de dados fornecem dados sobre a dependência de nicotina obtidos através de vários testes psicométricos, como o Teste de Fagerstrom para a Dependência de Nicotina (FTND), a Escala da Síndrome de Dependência de Nicotina (NDSS), o Inventário Wisconsin de Motivos de Dependência do Tabagismo (WISDM) e dados socioeconómicos gerais (NCBI, 2011). O questionário do inquérito quantitativo foi organizado para recolher dados fenotípicos individualmente.

Os participantes tinham de ter fumado pelo menos 10 cigarros por dia, o que é verificado por um nível de monóxido de carbono (CO) alveolar superior a 9. Os participantes incluídos neste estudo tinham dados fenotípicos e dados genotípicos (ADN), e tinham fornecido um formulário de consentimento assinado para partilhar as suas informações e amostras de sangue. Os registos dos dados fenotípicos de cada participante foram verificados e comparados com os dados genotípicos.

O agrupamento genotípico consistiu no processamento dos dados genotípicos dos indivíduos para os classificar como portadores ou não portadores de *CYP2A6* específico (utilizando o software Plink ou Beagle), de acordo com a capacidade das variantes dos genes para catalisar a nicotina como metabolizador lento da nicotina e metabolizador normal da nicotina, relatada em estudos anteriores (Benowitz et al. 2006; Malaiyandi et al. 2005). O grupo de metabolizadores lentos (SM) refere-se a indivíduos que se supõe terem 50% a 70% ou menos da atividade normal *do CYP2A6*, devido à posse de pelo menos um alelo de perda de função (*CYP2A6*2,*4,*7, *10, *17, *20, *23, *24, *25, *26, *27,* ou **35*), ou à posse de dois alelos de diminuição de função (*CYP2A6*9* ou **12*), ou a qualquer combinação de um alelo de perda de função com um alelo de diminuição de função (Ho, 2009; Benowitz et al. 2006; Malaiyandi et al. 2005). O grupo de metabolizadores normais (NM) referia-se a indivíduos com a hipótese de terem alelos *CYP2A6*1A* que codificam enzimas que catalisam completamente 100% da nicotina inalada (Benowitz et al. 2006). Além disso, o estudo considerou os participantes portadores de *CYP2B6*6* para comprovar a sua interação com outras variantes principais *do CYP2A6.*

Instrumentos e materiais

A Escala da Síndrome de Dependência da Nicotina (NDSS) e o Inventário Wisconsin de Motivos de Dependência do Tabagismo (WISDM) são instrumentos de medição multidimensional de factores psicológicos e ambientais que influenciam a dependência e a abstinência da nicotina. O NDSS e o WISDM foram caracterizados em termos da sua capacidade de prever critérios de dependência clinicamente úteis, como a probabilidade de recaída e a gravidade da abstinência. Shiffman, Waters e Hickcox (2004) definem a NDSS como uma medida de auto-relato de 19 itens, utilizando um inquérito desenvolvido como uma escala multidimensional para avaliar a dependência da nicotina utilizando a teoria da síndrome de dependência de Edwards.

Piper et al. (2004) definiram o WISDM como 68 itens concebidos para avaliar 13 domínios motivacionais diferentes derivados da teoria, incluindo uma subescala de desejo de nicotina. No entanto, cada instrumento foi avaliado com base na sua consistência interna e na correlação com outras medidas tradicionais de dependência do tabaco consideradas fiáveis. Estes instrumentos incluíam o FTND e os critérios de dependência do tabaco do DSM-IV, como os cigarros fumados por dia, e critérios de dependência do tabaco clinicamente importantes, como a abstinência, os resultados da cessação e a taxa de metabolismo da nicotina, que podem estar relacionados com factores como a dosagem ideal de substituição da nicotina. Para a análise dos dados, foram utilizados instrumentos como o SPSS versão 21.0 ou o software Epi Info. A idade, a raça/etnia e o género foram tratados como possíveis factores de confusão e foram incluídos nos modelos de regressão.

Análise estatística

O teste do qui-quadrado *(%2)* foi utilizado como método estatístico para encontrar a estimativa dos desvios da distribuição dos genótipos em relação ao equilíbrio de Hardy-Weinberg (HWE) em toda a amostra do estudo de expostos e não expostos.

O nível de significância estatística foi fixado *em* < 0,05. A estatística descritiva (máximo, máximo, média, desvio padrão, percentagens, frequências e intervalos de confiança a 95% das variáveis do estudo) foi utilizada para descrever as caraterísticas da população da amostra. A análise de regressão logística múltipla foi utilizada para determinar a associação entre as variáveis independentes e as variáveis dependentes, ajustando para as covariáveis.

As covariáveis foram incluídas na análise de dados como regressores para ajustar potenciais factores de confusão, efeitos modificadores e enviesamentos que pudessem afetar os resultados estatísticos do estudo. Os rácios de probabilidade e *os valores de p* foram calculados para todas as variáveis utilizando a análise de regressão logística.

As estatísticas descritivas mostraram gráficos de pontuação alta e baixa de dependência e abstinência de nicotina, e tabelas que apresentam a percentagem de raça e etnia, género e habilitações literárias da amostra populacional utilizada neste estudo. Foram criadas várias tabelas para apresentar os resultados finais (razões ímpares e *valores de p*) dos testes das hipóteses.

Conclusão: Ameaças à validade e considerações éticas

O conjunto de dados recebido foi processado e verificado quanto à redundância, replicação e incompatibilidade entre os números de identificação do genótipo e do fenótipo, tendo sido recodificado e categorizado utilizando uma escala nominal para reforçar a validade interna do estudo. Foi dada especial atenção à informação contida no registo de cada participante. O estudo dirigiu um pedido de dados ao National Institute of Health (NIH) depois de receber a aprovação do Internal Review Board (IRB) da Walden University--# 06-17-130089971--. O pacote de dados recebido foi utilizado de acordo com os protocolos do acordo de utilização de dados, tais como a proteção de dados e as regras de confidencialidade estabelecidas para proteger ensaios clínicos anteriores e as informações dos seus participantes. A Tabela 6 resume a escala e a medição das variáveis.

Quadro 6

Escalas e medições das variáveis de estudo

Variável	Descrição
Variável dependente	1-QS: Situação de abandono do tabaco no prazo de 6 meses A situação de abandono do tabaco declarada pelos participantes foi verificada através de um teste de monóxido de carbono.
Variáveis independentes	1-Variantes de genes SM: Metabolizador lento da nicotina do gene CTPZitf vanants- CIP246M/4, CTP24tf*AC CTP2Atf*/24- NM: metabolizador normal de nicotina da variante do gene CYP2A6 - CTF24d*L4- CI'F2B6*6: Variante do gene CTJLLBd*# que interage com com SM e NM de variantes do gene CTF246 2-Genótipos dos participantes Portador. Participantes portadores de variantes específicas do gene da nicotina utilizadas neste estudo. Não portador: Participantes que não são portadores de um gene específico utilizado neste estudo 3-Tipos de tratamento-Agentes do tabaco- NRT: Terapia de substituição da nicotina. Bupropiona e Placebo utilizados em ensaios clínicos 4 Xicotine Dependence Scores of Measurements ND: Pontuação de dependência de nicotina do participante na escala de escalas FTND/NDSS. Pontuação baixa (0-4); alta (5-10) WD: Pontuação da síndrome de abstinência do participante na escala do WISDM Pontuação baixa (0-4); alta (5-10)
Covariáveis	1-Participantes[3] (a) Idades, (b) Etnia/Raça, (c) Habilitações Literárias e (d) Género.

Nota. A idade foi categorizada

Capítulo 4

Resultados

Introdução

O objetivo deste estudo foi avaliar quantitativamente o impacto da associação das variantes do gene metabolizador lento da nicotina *CYP2A6*1H (61663607), CYP2A6*4A (CYP2A6 suprimido), CYP2A6*9A (rs 28399433) e CYP2A6*12A (rs28399442)*, e variantes do gene metabolizador normal da nicotina *CYP2A6*1A (rs1137115)* e suas interações com a variante *do* gene *CYP2A6*6 (rs3745274(G)*), síndrome de dependência da nicotina ou síndrome de abstinência da nicotina, e terapias com nicotina (bupropiona, terapias de substituição da nicotina [NRT]) no resultado do tratamento da dependência da nicotina. Foram testadas duas hipóteses direcionais formais e duas hipóteses exploratórias utilizando uma variedade de técnicas estatísticas. Este capítulo apresenta o período de tempo e o processo de recolha de dados, resume os resultados das análises estatísticas, os métodos de genotipagem e as avaliações fenotípicas e fornece uma descrição das caraterísticas demográficas e de base dos participantes.

Recolha de dados

Descrição da recolha de dados e período de tempo

Os dados fenotípicos e genotípicos utilizados neste estudo foram recolhidos de uma série de ensaios clínicos aleatórios organizados pelo Wisconsin Transdisciplinary Tobacco Use Research Center (UW-TTURC) de 2001 a 2009 em Madison e Milwaukee, WI, EUA (NCBI, 2011). Foram recrutados mais de 9 mil participantes e cerca de 2.572 participaram na parte clínica destes estudos. Cada sujeito tinha participado em 1 ensaio aleatório em dupla ocultação controlado por placebo ou 2 ensaios aleatórios controlados por placebo sobre a cessação tabágica, comparando a bupropiona e as terapias de substituição da nicotina (NRT). O período de tratamento nestes estudos de ensaios clínicos durou 8 a 12 semanas, seguido de 6 meses a um ano de acompanhamento sem tratamento. Os participantes da amostra foram aleatorizados para receber bupropiona SR1 150-300 mg bid por dia durante 8-9 semanas; pastilha de nicotina 2 ou 4 mg por dia durante 12 semanas, ou adesivo de nicotina titulado durante 12 semanas. A taxa de abstinência confirmada por CO (taxas de abandono) no final de 6 meses de acompanhamento sem tratamento foi, em média, de 16,2% para o placebo, 22,13% para a bupropiona e 34,3% para a terapia de substituição da nicotina (NRT).

Estes participantes eram fumadores dependentes que tinham de fumar pelo menos 10 cigarros por dia. A sua condição de fumador foi confirmada por um nível de monóxido de carbono (CO) alveolar superior a 9. Os participantes não saudáveis que tinham antecedentes de psicose, sintomas de depressão clinicamente significativos, outras doenças mentais graves ou contra-indicações para medicamentos para deixar de fumar com base em provas foram excluídos (NCBI, 2011). Os participantes consentiram em fornecer amostras de sangue para análises genéticas, farmacogenéticas e farmacogenómicas, a fim de identificar e investigar os genes envolvidos na dependência da nicotina. A Tabela 7 apresenta a descrição dos ensaios clínicos originais de cessação tabágica que forneceram os dados utilizados neste estudo.

Quadro 7

Estudos de Ensaios Clínicos Originais Descrição

Cluneal Stud}".	Conceção	Comprimento	Doentes
McCarthy rial, (2008)	Ensaio clínico aleatório controlado por placebo sobre a cessação tabágica	8-12 semanas de tratamento e 6 boca não-dnig seguimento	№609 Randomizado (Bitptopion. NRT & Placebo)
Piper etaL, (2009)	Clínica aleatória, duplamente cega, controlada por placebo, de cessação tabágica	8-12 semanas de tratamento com 6 bocas acompanhamento não medicamentoso	№1504 Randomizedflheu combinação e Bupropiona. Pastilha, adesivo e Placebo)
Piper et aL, (2007)	Ensaio clínico aleatório, duplo cego e controlado por placebo sobre a cessação tabágica	8-12 Quartas-feiras tratamento com 6 bocas acompanhamento não medicamentoso	№ 463 Bupropiona Randomizada. Goma & Placebo)

Nota. Os ensaios clínicos foram realizados com participantes da área da saúde que pretendiam deixar de fumar.

Processamento de dados

O conjunto de dados original fornecia a 1972 participantes que deram o seu consentimento uma identificação anónima. Cada ID correspondia a um conjunto de caraterísticas demográficas, fenotípicas e genotípicas. As identificações com valores fenotípicos e genotípicos não coincidentes ou com valores em falta foram excluídas, reduzindo a amostra final de participantes para 1862. Em comparação com a amostra do estudo N = 1730 calculada no Capítulo 3, utilizando um poder de 80% e um valor de 0,05 para o nível de significância, para uma probabilidade de 5% de cometer um erro de Tipo 1 ou rejeitar incorretamente a hipótese nula, a amostra N = 1862 satisfazia a dimensão da amostra necessária para este estudo. A dimensão da amostra representava aproximadamente 20% da população de doentes com dependência da nicotina recrutados para ensaios clínicos da UW-UTTRC durante 2001-2009. O estudo foi aprovado pelo Instituto Nacional de Saúde como referência

Número de controlo OMB 0925-0670. O estudo reviu e validou as pontuações da dependência da nicotina e da síndrome de abstinência, bem como outras variáveis (idade, habilitações literárias, etnia e género), utilizando os utilitários do Statistical Package for Social Sciences (SPSS/PASW) para eliminar a redundância e a replicação de dados, e recodificou-os para valores nominais de 0, 1, 3 e 4. A Tabela 8 resume os resultados do tratamento dos dados.

Quadro 8

Resultados do processamento de dados

Descrição	N	Desaparecido	Pontuação Média	Pontuação SD	Genótipo incompatível e em falta
FIND	1972	6	4.93	1.31	-
WS	1972	28	5.41	2.15	-
Desconhecido	55	-	-	-	-
Outras raças	4	-	-	-	-
ID do genótipo	1972	-	-	-	51
Amostra de estudo	1862	*	*	-	-

Nota. FTND: Teste de Fagerstrom para a dependência da nicotina. ND: Pontuação da síndrome de dependência da nicotina. WS: Pontuação da síndrome de abstinência da nicotina. Desconhecidos e outras raças foram excluídos. IDs de genótipo: Números de identificação anónimos dos participantes fornecidos como etiquetas de dados de genótipos e fenótipos.

Com base nos resultados de estudos anteriores, as frequências das variantes genéticas do *CYP2A6* variaram entre 12% e 40% e tiveram uma prevalência de exposição ambiental ao tabagismo de 0,3 (Sellers et al., 2003). No presente estudo, a frequência genotípica variou entre 40% e 70%, o que corresponde aos achados da maioria dos estudos sobre a distribuição genotípica em descendentes de brancos e negros no estudo da dependência de nicotina (Lerman et al., 2007; Verde et al., 2011). O genótipo não se desviou do equilíbrio de Hardy Weinberg na análise estatística utilizando o teste do qui-quadrado *(%2)*. A estatística descritiva forneceu o resumo das percentagens das variáveis utilizadas neste estudo. A Tabela 9 resume o teste do qui-quadrado *(%2)* para variantes genéticas individuais.

Quadro 9

Genótipo Teste do qui-quadrado (%2) para o equilíbrio de Hardy Weinberg

SNPs	Qui-quadrado (%2)	valores de p	IC95%
*CYP2A6*1A*	1.120	0.501	0.227-0.684
*CYP2A6*1H*	0.711	0.610	0.304-0.955
*CYP2A6*4A*	0.223	0.697	0.330-0.874
*CYP2A6*9A*	0.340	0.708	0.210-0.925
*CYP2A6*12A*	0.278	0.841	0.430-0.970
*CYP2B6*6*	0.175	0.956	0.241-0.990

Nota. Valores de p > 0,5 IC 95%: Intervalo de Confiança. FTND*:* Teste de Fagerström para Dependência de Nicotina. ND: Escore da Síndrome de Dependência de Nicotina. SNPs: *Nota de* Polimerase de Nucleotídeo Único. Mont Carlos Sig: 0,001. IC 95%: Intervalo de Confiança. *p*: valor de p.

Descritivos de base

Caraterísticas demográficas da amostra

Do total de participantes, 1.600 (85,9%) se identificaram como descendentes de caucasianos e 262 (14,1%) se identificaram como descendentes de negros americanos. Destes, 772 (41,4%) eram do sexo feminino e 1.090 (58,6%) do sexo masculino; 182 (9,8%) tinham menos do que o ensino secundário/GED, 486 (26,1%) tinham o ensino secundário ou o GED, 802 (43,1%) tinham alguma formação universitária e 392 (21,1%) tinham formação universitária (licenciatura, mestrado e doutoramento). Os participantes eram adultos e fumadores actuais com idades compreendidas entre os 18 e os 80 anos que procuravam tratamento para a cessação da dependência da nicotina em três ensaios clínicos rigorosos. Mais de metade (59,0%) dos participantes tinha entre 31 e

50 anos de idade. A Tabela 10 resume as caraterísticas demográficas dos participantes.

Quadro 10

Caraterísticas demográficas da amostra do estudo (N=1862)

Caraterística	N	Percentagem (%)
Escalão etário		
18-30	284	15.3
31-50	1099	59.0
51-70	466	250
71-80	13	0.7
Etnia		
Afro-americano	262	14.1
caucasiano	1600	85.9
Formação académica		
Menos do que o ensino secundário/GED	182	9.8
Diploma do ensino secundário/GED	486	26.1

Algumas faculdades Educação	802	43.1
Licenciado	392	21.1
Género		
Masculino	772	41.4
Feminino	1090	58.6

Nota. GED: General Equivalence Diploma (Diploma de Equivalência Geral).

Métodos de avaliação do fenótipo e do genótipo

A síndrome de dependência da nicotina e a síndrome de abstinência foram avaliadas através do Fagerstrom Test of Nicotine Dependence (FTND; Piper et al., 2008) e do Wisconsin Inventory of Smoking Dependence Motives (WISDM; Piper et al., 2004). Os indivíduos que obtiveram pontuações entre 0 e 4 são fumadores de baixa dependência e os que obtiveram pontuações entre 5 e 10 são fumadores de alta dependência. Para a síndrome de abstinência de nicotina, a subescala de desejo foi personalizada da seguinte forma: Os participantes que obtiveram pontuações entre 0 e 4 sofreram a síndrome de abstinência de nicotina, e aqueles com pontuações entre 5 e 10 sofreram desejos na escala WISDM (NCBI, 2011).

A genotipagem foi efectuada num estudo anterior. As amostras foram genotipadas em placas de 96 poços utilizando a matriz Illumine HumanOmni2.5-4v1 D. As amostras de genes foram agrupadas e identificadas utilizando o GenomeStudio versão 2010.2 com o Genotyping Module versão 1.7.4 e o GenTrain versão 1.0. As taxas de identificação de genótipos para todos os SNPs foram >> 98,71% (média = 0,99, desvio = 0,0071, máximo = 1,00, mínimo = 0,85; NCBI, 2011).

Neste estudo, as variantes genéticas candidatas de interesse incluíam *CYP2A6*1H (rs61663607(C)), CYP2A6*4A, CYP2A6*9A (rs28399433) e CYP2A6*12A (rs28399442) CYP2A6*6 (rs3745274 (G))* e estavam localizadas na região de 500 kb no cromossoma 19q13.2. Estes eram metabolizadores primários da nicotina identificados em estudos anteriores que codificavam enzimas que permitiam o metabolismo da nicotina (a diferentes níveis) e aumentavam a probabilidade de dependência da nicotina em 30 a 40% e de doenças relacionadas com o tabagismo em indivíduos que eram portadores destes alelos de risco comuns (Bloom, Martinez, & Chen, 2013). Todos os alelos em falta nos SNPs eram > 5%. Foram extraídos de dados previamente analisados utilizando BEAGLE versão 3.3.1 e Plink-1.07 (NCBI, 2011) e convertidos para genótipo mais provável utilizando o utilitário BEAGLE "gprobs2linkage" (Browning, 2010). O teste do qui-quadrado (x2) para uma boa aptidão indicou que os genótipos previstos estavam normalmente distribuídos em equilíbrio de Hardy Weinberg em toda a população do estudo com *um valor de p* < 0,001. A distribuição prevista do genótipo na população é apresentada nas estatísticas descritivas.

Estatísticas descritivas

As estatísticas descritivas forneceram as percentagens de participantes que relataram um nível baixo de dependência de nicotina para um nível alto de dependência de nicotina avaliado na escala de FTND e aqueles que relataram ter experimentado síndrome de abstinência durante o período de tratamento na escala de pontuação WISDM. Além disso, as estatísticas descritivas mostraram a distribuição das variantes genéticas. Trinta e dois vírgula um por cento (32,1%) dos participantes referiram um nível baixo de dependência de nicotina e 67,9% referiram um nível alto de dependência de nicotina. Quarenta vírgula oito por cento (40,8%) de todos os participantes referiram ter experimentado a síndrome de abstinência da nicotina durante o tratamento e 59,2% referiram desejo de fumar.

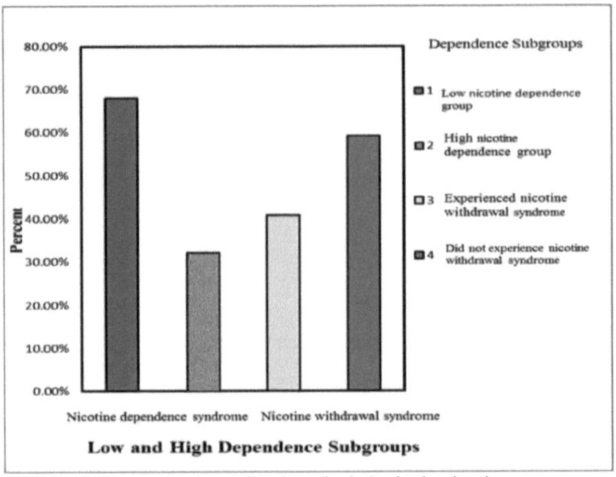

Figura 3. Percentagens de síndromes de dependência e abstinência de nicotina.

Com base em múltiplas análises estatísticas utilizando o software "gprobs2linkage" do utilitário BEAGLE, 69,1% de todos os participantes foram identificados como portadores da variante normal do gene metabolizador da nicotina *CYP2A6*1A*. Relativamente à variante do gene metabolizador lento da nicotina, de todos os participantes, 46,9% eram portadores do *CYP2A6*1H*, 56,5% eram portadores *do CYP2A6*4A*, 38,2% eram portadores do *CYP2A*9*, 58,6% eram portadores do *CYP2A12* e 48,1% eram portadores da variante do gene *CYP2B6*6*. Relativamente aos grupos de tratamento, 45,1% dos participantes receberam terapias de substituição da nicotina (NRT), 35% receberam bupropiona e 10,5% receberam placebo. De todos os participantes, 29,4% referiram ter deixado de fumar e 70,6% não deixaram de fumar após 6 meses de tratamento de acompanhamento sem medicamentos.

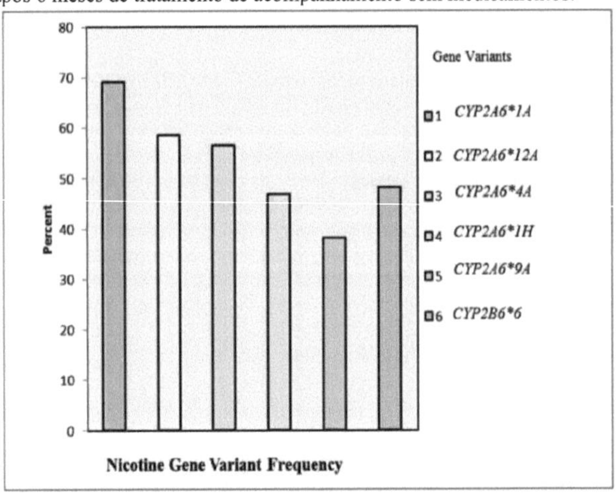

Figura 4. Frequência de distribuição dos genótipos em toda a população.

Pressupostos estatísticos

Os principais estudos de caso-controlo revelaram que os indivíduos portadores das variantes *CYP2A6 CYP2A6*2, CYP2A6*4, CYP2A6*9* e *CYP2A6*12* tinham 1,7 vezes mais probabilidades de deixar de fumar do que os não portadores (Ho et al., 2010; Nakajima, 2006). Por conseguinte, o estudo projectou que os metabolizadores lentos da nicotina podem estar associados a uma razão de probabilidades mais elevada de resultados do tratamento da dependência da nicotina. Estudos de ciências sociocomportamentais revelaram que a prevalência da dependência de nicotina é de 22% nos homens e 19% nas mulheres; 33% em pessoas com 9 a 11 anos de escolaridade e 23% em adultos jovens (18 a 44 anos de idade);

DC, 2008; Remington, Browson, & Wegner, 2010). Com base nestas informações, o estudo projectou diferentes razões de probabilidade de resultados do tratamento da dependência da nicotina entre grupos etários e de habilitações literárias, bem como entre etnias e géneros. Ring e Valdez (2007) descobriram que as variantes *do CYP2B6* interagem com o *CYP2A6* com uma estimativa de $p < 0{,}002$, para a depuração da nicotina; por conseguinte, prevê-se que as variantes dos genes *CYP2A6* e *CYP2B6* interagem para aumentar o resultado do tratamento da dependência da nicotina.

Condições de tratamento e acontecimentos adversos comunicados

Os pacientes do ensaio clínico de cessação tabágica receberam tratamentos adequados durante 8 a 12 semanas e foram seguidos durante 6 meses a 1 ano sem tratamento. Foi-lhes administrado bupropiona SR1 150 a 300 mg bid por dia durante 8 a 9 semanas; pastilha de nicotina 2 ou 4 mg por dia durante 12 semanas e adesivo de nicotina titulado durante 12 semanas. Os estudos clínicos indicaram que os doentes tinham sofrido sobretudo de dores de cabeça, irritação da pele, sonhos anormais, lapso, diarreia, náuseas, queimaduras térmicas, indigestão, vómitos, boca seca, alteração do paladar e tonturas (McCarthy et al., 2008, Piper et al., 2008 & Piper et al., 2007).

Relatórios de análise estatística

Hipótese 1: A hipótese 1 foi concebida para testar se a associação das variantes do gene do metabolizador lento da nicotina (*CYP2A6*1H, CYP2A6*4A, CYP2A6*9A e CYP2A*12A*), da síndrome de dependência da nicotina ou da síndrome de abstinência da nicotina e do tipo de terapia (bupropiona, NRT e placebo) tem um impacto significativo no resultado do tratamento da dependência da nicotina. Para testar esta hipótese, foi utilizada a regressão logística.

Após o ajuste para a idade, formação académica, etnia e sexo, no grupo global de tratamento, os resultados da regressão logística indicaram que cada variante do gene metabolizador lento da nicotina associada à síndrome de dependência da nicotina e ao tipo de terapia tem um impacto significativo no resultado do tratamento da dependência da nicotina; *CYP2A6*1H* (*OR* = 1,55, 95% CI [1,12-1,90] ; $p <$ 0.001); *CYP2A6*4A* (*OR* = 1,60, 95% CI [1,13-1,95] ; $p <$ 0,001), *CYP2A6*9A* (*OR* = 1,35, 95% CI [1,10-1,65] ; $p <$ 0,001) e *CYP2A6*12A* (*OR* = 1,46, 95% CI[1,18-1,80] ; $p <$ 0.001), prevendo que os participantes portadores de uma destas variantes do gene metabolizador lento da nicotina tinham 1,35, 1,46, 1,55 ou 1,60 vezes mais probabilidades de manter a abstinência 6 meses após o tratamento. A Tabela 11 resume os resultados do teste de regressão logística para as variantes do gene do metabolizador lento da nicotina associadas à síndrome de dependência da nicotina e ao tipo de terapia.

Quadro 11

Regressão logística que prevê o impacto significativo das variantes do gene do metabolizador lento da nicotina na síndrome de dependência da nicotina

Preditor	B	SB	OU	P	95% LL	IC UL
*CYP2A6*1H*	0 440	0.103	1.55	0.001*	1.12	1.90
*CYP2A6*4A*	0.471	0.104	1 60	0.001*	1.13	1.95
*CYP2A6*9A*	0.300	0.102	1.35	0.001*	1.10	1.65
*CYP2A6*12A*	0.379	0.108	1.46	0.001*	1.18	1.80

Nota. B: Coeficiente Beta. *SE*: Erro padrão. *IC*: Intervalo de confiança. *OR*: Odds Ratio. **p-valor* < 0,001. *LL*: Limite inferior e *UL*: Limite superior.

Como mostra o quadro 11, o coeficiente de regressão logística (coeficiente Beta) de cada variante do gene do metabolizador lento da nicotina estava numa relação positiva com o resultado do tratamento da dependência da nicotina, indicando que a alteração do efeito de cada variante do gene aumentava proporcionalmente as probabilidades logarítmicas do resultado do tratamento da dependência da nicotina. Por exemplo, o aumento do tamanho do efeito do metabolizador lento da nicotina *CYP2A6*4A* de 0,471 aumentou (*Exp* [0,471] = 1,60 ou *OR* = 1,60) em 1,60 vezes a probabilidade de sucesso do tratamento da dependência da nicotina.

A dependência do tabaco é diagnosticada de acordo com a gravidade da síndrome de abstinência da nicotina, e as variantes do gene metabolizador *da* nicotina *CYP2A6* também estão associadas à síndrome de abstinência da nicotina (Kubota et al., 2013), pelo que é necessário investigar estas variantes do gene *CYP2A6* associadas à síndrome de abstinência da nicotina e ao tipo de terapia. Após o ajuste para a idade, a educação, a etnia e o género no grupo global de tratamento, os resultados da regressão logística indicaram que cada variante do gene metabolizador lento da nicotina associada à síndrome de abstinência da nicotina e ao tipo de terapia era significativa, *CYP2A6*1H* (*OR* = 1.54, 95% CI [1.261.89] ; $p< 0.001$); *CYP2A6*4A*, (*OR*= 1.59, CI[1.30-1.95] ; $p< 0.001$), *CYP2A6*9A* (*OR* = 1.45, CI[1.18-1.80]; $p < 0.001$) e *CYP2A6*12A*(*OR* = 1.46, CI[0.10-1.65] ; $p = 0.001$). Os resultados da regressão logística mostraram que os participantes portadores de uma destas variantes do gene do metabolizador lento da nicotina tinham 1,35, 1,45, 1,54 ou 1,59 mais probabilidades de manter a abstinência 6 meses após o tratamento. A Tabela 12 resume os resultados do teste de regressão logística para as variantes do gene do metabolizador lento da nicotina associadas à síndrome de abstinência da nicotina e ao tipo de terapia.

Quadro 12

Regressão logística que prevê o impacto significativo do gene do metabolizador lento da nicotina Variantes da Síndrome de Retirada da Nicotina

Preditor	B	SE	p	OU	95%	IC
					LL	*UP*
CYP2A6*1H	**0.438**	**0.104**	**.001***	**1.54**	**1.26**	**1.89**
CYP2A6*4A	**0.470**	**0.103**	**.001***	**1.59**	**1.30**	**1.95**
CYP2A6*9A	**0.377**	**0.108**	**.001***	**1.45**	**1.18**	**1.80**
CYP2A6*12A	**0.300**	**0.103**	**.001***	**1.35**	**1.10**	**1.65**

Nota. B: Coeficiente Beta. SE: Erro padrão. *IC*: Intervalo de confiança. *OR*: Odds Ratio. **p-valor* < 0,001. *LL*: Limite inferior e *UL*: Limite superior.

Tal como se mostra no Quadro 12, o coeficiente de regressão logística (coeficiente Beta) de cada variante do gene do metabolizador lento da nicotina estava numa relação positiva com o resultado do tratamento da dependência da nicotina, indicando que uma alteração em cada uma destas variantes do gene aumentava as probabilidades de sucesso do tratamento. Por exemplo, o aumento do tamanho do efeito do metabolizador lento da nicotina *CYP2A6*4A* de 0,470 aumentou (*Exp* [0,470] = 1,59 ou *OR* = 1,59) em 1,59 vezes a probabilidade de sucesso do tratamento da dependência da nicotina.

Os estudos sócio-comportamentais associaram a etiologia da dependência da nicotina à idade, habilitações literárias, etnia e género à dependência da nicotina e ao comportamento tabágico (Hukkanen et al., 2005), o que justifica a investigação do comportamento tabágico nos grupos acima referidos. O exemplo seguinte de análise de regressão logística da associação da variante do gene *CYP2A6*4A*, metabolizador lento da nicotina, com a síndrome de dependência da nicotina e a síndrome de abstinência da nicotina e o tipo de terapêutica em grupos etários, grupos de habilitações literárias, etnias e géneros mostrou diferentes comportamentos de abandono do tabagismo em cada grupo.

Exemplo. A análise de regressão logística da associação da variante do gene *CYP2A6*4A* do metabolizador lento da nicotina com a síndrome de dependência da nicotina e o tipo de terapia indicou um rácio de probabilidades mais elevado para indivíduos entre 61 e 80 anos (*OR* = 1,83, 95% CI [1,12-2,78], $p = 0{,}002$) e um rácio de probabilidades mais baixo para indivíduos entre 31 e 50 anos (*OR* = 1,57, 95% CI [1,20-2,02] ; $p < 0{,}001$), um rácio de probabilidades mais baixo para indivíduos do sexo feminino (*OR* = 1.27,95% CI[0.93-1.75], $p< 0.001$) do que para os homens (*OR* = 1.86, 95% CI[1.40-2.42] ; $p< 0.001$); maior odds ratio para os licenciados (*OR* = 1.30, 95% CI [0.10-1.63] ; $p = 0.001$) do que para outros grupos de formação académica e uma razão de probabilidades mais elevada para os descendentes de caucasianos (*OR* = 1,63, 95% CI[0,93-2,0] ; $p < 0{,}085$) do que para os descendentes de afro-americanos (*OR* = 1,59, 95% CI [1,28-1,98] ; $p = 0{,}001$) . Os resultados mostraram um odds ratio diferente em cada grupo, o que pode estar associado a frequências sociais, culturais, ambientais e económicas, educacionais e geneticamente diferentes nos factores de risco dos alelos nas etnias. Com base nestes resultados, a hipótese nula foi rejeitada, indicando que a hipótese alternativa 1 foi apoiada.

Hipótese 2: A hipótese 2 foi concebida para testar se a associação entre a variante do gene *CYP2A61*A* do metabolizador normal da nicotina, a síndrome de dependência da nicotina, a síndrome de abstinência da nicotina e o tipo de terapêutica tinha um impacto significativo na nicotina resultado do tratamento da dependência. A regressão logística foi utilizada para testar a Hipótese 2. Após o ajuste para a idade, educação, etnia e género no grupo global de tratamento, os resultados da regressão logística indicaram que a variante normal do gene metabolizador da nicotina *CYP2A6 *1A* associada à síndrome de dependência da nicotina e ao tipo de terapia teve um impacto significativo no resultado do tratamento da dependência da nicotina *CYP2A6 *1A* (*OR* = 1.35, IC 95% [1,11-1,70]; *p* < 0,003) e síndrome de abstinência da nicotina *CYP2A6*1A* (*OR* = 1,40, IC 95% [1,11-1,75]; *p* < 0,004). Este modelo previu que os participantes portadores da variante normal do gene metabolizador da nicotina *CYP2A6* tinham 1,35 vezes mais probabilidades de manter a abstinência 6 meses após o tratamento e 1,40 vezes mais probabilidades de manter a abstinência 6 meses após o tratamento para aqueles que tinham sofrido a síndrome de abstinência da nicotina durante o tratamento. A Tabela 13 resume os resultados do teste de regressão logística da variante do gene *CYP2A6*1A*, metabolizador normal da nicotina, associada à síndrome de dependência da nicotina e à síndrome de abstinência da nicotina e ao tipo de terapia.

Quadro 13

*Regressão logística que prevê o impacto significativo da variante do gene CYP2A6*1A do metabolizador normal da nicotina na síndrome de dependência da nicotina*

Preditores	B	SE	p	OU	95%	IC
					LL	UL
CYP2A6*1A	**0.319**	**0.108**	**0.003***	**1.35**	**111**	**1.70**
CYP2A6*1A	**0.320**	**0.106**	**0.004****	**1.40**	**1.11**	**1.75**

Nota. B: Coeficiente Beta. *SE*: Erro padrão. *IC*: Intervalo de confiança. *OR*: Odds Ratio. **p = 0,003. **p = 0.004. LL*: Limite inferior e *UL*: Limite superior.

Como se pode ver no Quadro 13, o coeficiente de regressão logística (coeficiente Beta) da variante do gene *CYP2A6*1A* do metabolizador normal da nicotina estava numa relação positiva com o resultado do tratamento da dependência da nicotina, o que indica que uma alteração positiva do efeito do metabolizador normal da nicotina aumentava proporcionalmente as probabilidades de sucesso do tratamento da dependência da nicotina. Por exemplo, o aumento do tamanho do efeito do metabolizador normal *da* nicotina *CYP2A6*1A* de 0,319 aumentou (*Exp* [0,319] = 1,35 ou *OR* = 1,35) em 1,35 vezes a probabilidade de êxito do tratamento da dependência da nicotina.

Hipótese 3: A hipótese 3 foi formulada para testar se a interação de cada variante do gene do metabolizador lento da nicotina *(CYP2A6*1H, CYP2A6*4A, CYP2A6*9A e CYP2A*12A)* com a variante *do* gene *CYP2B6*6*, associada à síndrome de dependência da nicotina ou à síndrome de abstinência da nicotina e ao tipo de terapia, tem um impacto significativo no resultado do tratamento da dependência da nicotina. Foi efectuada uma análise de regressão logística para testar esta hipótese. Após o ajuste para a idade, formação académica, sexo e etnia, a análise de regressão logística foi significativa para cada *CYP2A6*1H* (*OR* = 1,56, 95% CI: [1,26-1,90] ; *p* < 0,001), *CYP2A6*4A* (*OR* = 1,61, 95% CI [1,31-1.96] ; *p* < 0,001), *CYP2A6*9A* (*OR* = 1,47, IC [1,18-1,88] ; *p* < 0,001) e *CYP2A6*12A* (*OR* = 1,35, IC [1,11-6,7] ; p = 0,004) interação com a variante do gene *CYP2B6*6* associada à síndrome de dependência da nicotina e ao tipo de terapia. Este modelo previu que os doentes que eram portadores de uma destas variantes do gene do metabolizador lento da nicotina e da variante *do* gene *CYP2B6*6* tinham 1,35, 1,47, 1,56 ou 1,61 vezes mais probabilidades de manter a abstinência durante 6 meses após o tratamento. O quadro 14 resume a regressão logística que prevê o impacto significativo da interação das variantes do gene do metabolizador lento da nicotina com o gene *CYP2B6*6*
variante associada à síndrome de dependência da nicotina.

Quadro 14

*Regressão logística que prevê o impacto significativo do gene do metabolizador lento da nicotina Interação de variantes com a variante do gene CYP2A6*6 para a síndrome de dependência da nicotina*

Preditor	B	SE	P	OU	95%	IC
					LL	*UL*
*CYP2A6*1H*	0.404	0.103	0.001*	1.56	1.26	1.90
*CYP2A6*4A*	0.468	0.102	0.001*	1.61	1.31	1.96
*CYP2A6*9A*	0.381	0.109	0.001*	1.47	1.18	1.88
*CYP2A6*12A*	0.298	0.101	0.004**	1.35	1.11	1.67

Nota. B: Coeficiente Beta. *SE*: Erro padrão. *IC*: Intervalo de confiança. *OR*: Odds Ratio. *: $p < 0,001$. **: $p = 0.004$. *LL*: Limite inferior e *UL*: Limite superior.

Como se pode ver no quadro 14, o coeficiente de regressão logística (coeficiente Beta) de cada variante do gene do metabolizador lento da nicotina estava numa relação positiva com o resultado do tratamento da nicotina, o que indica que uma alteração positiva do efeito de cada variante do gene aumentava proporcionalmente as probabilidades de sucesso do tratamento da dependência da nicotina. Por exemplo, o aumento do tamanho do efeito do metabolizador lento da nicotina *CYP2A6*4A* de 0,468 aumentou (*Exp* [0,468] = 1,61 ou *OR* = 1,61) em 1,61 vezes a probabilidade de sucesso do tratamento da dependência da nicotina.

Além disso, após o ajuste para idade, formação educacional, sexo e etnia, a análise de regressão logística foi significativa para cada variante do gene metabolizador lento da nicotina *CYP2A6*1H* (*OR* = 1,57, 95% CI:[1,13-1,89] ; $p < 0,001$), *CYP2A6*4A* (*OR* = 1.70, IC 95% [01,15-1,95] ; $p < 0,001$), *CYP2A6*9A* (*OR* = 1,44, IC 95% [1,17-1,95] ; $p < 0,001$) e *CYP2A6*12A* (*OR* = 1,32, IC 95% [1,10-1,64] ; $p < 0,003$) associados à síndrome de abstinência de nicotina *CYP2B6*6* e terapias. Este modelo previu que os doentes portadores de uma das variantes específicas do gene do metabolizador lento da nicotina e da variante do gene *CYP2B6*6* tinham 1,32, 1,44, 1,57 ou 1,70 vezes mais probabilidades de manter a abstinência durante 6 meses após o tratamento. A Tabela 15 apresenta a regressão logística que prevê o impacto significativo da interação entre as variantes do gene do metabolizador lento da nicotina e a variante *do gene CYP2B6*6* associada à síndrome de abstinência da nicotina.

Quadro 15

*Regressão logística que prevê o impacto significativo da interação de variantes genéticas de metabolizadores lentos da nicotina com a variante genética CYP2B6*6 na síndrome de abstinência da nicotina*

Predicado*	B	SE	P	OU	IC 95%	
					LL	*UL*
*CYP2A6*1H*	0.439	0.103	OOP	1.57	1.13	1.89
*CYP2A6*4A*	0.466	0.105	.001*	1.70	1.15	1.95
*CYP2A6*9A*	0.379	0.108	.001*	1.44	1.17	1.80
*CYP2A6*12A*	0.230	0.102	.003**	1.32	1.09	1.64

Nota. B: Coeficiente Beta. *SE*: Erro padrão. *IC*: Intervalo de confiança. *OR*: Odds Ratio. *: $p < 0,001$. **: $p = 0.003$. *LL*: Limite inferior. Limite & *UL*: Limite Superior

Como se pode ver no Quadro 15, o coeficiente de regressão logística (coeficiente Beta) de cada variante do gene do metabolizador lento da nicotina estava numa relação positiva com o resultado do tratamento da dependência da nicotina, o que indica que uma alteração positiva do efeito de cada variante do gene aumentava proporcionalmente as probabilidades de sucesso do tratamento da nicotina. Por exemplo, o aumento do tamanho do efeito do metabolizador normal da nicotina *CYP2A6*4A* de 0,466 aumentou (*Exp* [0,466] = 1,70 ou *OR* = 1,70) em 1,70 vezes a probabilidade de sucesso do tratamento da dependência da nicotina. Assim, a hipótese nula foi rejeitada em favor da hipótese alternativa.

Hipótese 4: A hipótese 4 foi concebida para testar se a interação entre o metabolizador normal da nicotina *CYP2A6*1A* e a variante do gene *CYP2B6*6* associada à síndrome de dependência da nicotina ou à síndrome de abstinência da nicotina e o tipo de terapia tem um impacto significativo no resultado do tratamento da dependência da nicotina. Foi efectuada uma análise de regressão logística para testar esta hipótese.

Após o ajustamento em função da idade, educação, etnia e sexo, a análise de regressão logística da interação da variante do gene *CYP2A6*1A* do metabolizador normal da nicotina (*OR* = 1,37, IC 95% [1,10-1,69]; $p < 0,003$) com o *CYP2B6*6* associado à síndrome de dependência da nicotina e ao tipo de terapia teve um impacto significativo no resultado do tratamento da dependência da nicotina. Este modelo previu que os doentes portadores da variante do gene *CYP2A6*1A* do metabolizador normal da nicotina e da variante *do* gene *CYP2B6*6* tinham 1,37 vezes mais probabilidades de manter a abstinência durante 6 meses após o tratamento.

Além disso, após o ajuste para idade, educação, etnia e sexo, a análise de regressão logística para *CYP2A6*1A* (*OR* = 1,39, 95% CI [1,07-1,72] ; $p < 0,004$) interage com

A variante do gene *CYP2B6*6* associada à síndrome de abstinência da nicotina e ao tipo de terapia teve um impacto significativo no resultado do tratamento da dependência da nicotina. Este modelo previu que os doentes portadores da variante *do gene CYP2A6*1A* do metabolizador normal da nicotina e da variante *do gene CYP2B6*6* tinham 1,39 vezes mais probabilidades de manter a abstinência durante 6 meses após o tratamento. A Tabela 16 resume a regressão logística que prevê o impacto significativo da interação da variante do gene do metabolizador normal da nicotina com o *CYP2B6*6.*

Quadro 16

*Regressão logística que prevê o impacto significativo da interação de variantes do gene normal do metabolizador da nicotina com a variante do gene CYP2B6*6 na síndrome de abstinência da nicotina*

Preditores	B	SE	P	OU	IC 95%	
					LL	UL
*CYP2A6*1A*	**0.315**	**0.108**	**0.003***	**1.37**	**1.10**	**1.69**
*CYP2A6*1A*	**0.314**	**0.1065**	**0.004****	**1.39**	**1.07**	**1.72**

Nota. B: Coeficiente Beta. *SE*: Erro padrão. *IC*: Intervalo de confiança. *OR*: Odds Ratio. *: *p < 0,001*. **: *p = 0,004* .*LL*: Lower. Limite & *UL*: Limite Superior

Tal como se mostra no Quadro 16, o coeficiente de regressão logística (coeficiente Beta) da variante do gene *CYP2A6*1A* do metabolizador normal da nicotina estava numa relação positiva com o resultado do tratamento da dependência da nicotina, indicando que uma alteração positiva do efeito do metabolizador normal da nicotina aumentava proporcionalmente as probabilidades logarítmicas de sucesso do tratamento da dependência da nicotina. Por exemplo, o aumento do tamanho do efeito do metabolizador normal da nicotina *CYP2A6*1A* de 0,315 aumentou (*Exp* [0,314] = 1,39 ou *OR* = 1,39) em 1,39 vezes a probabilidade de sucesso do tratamento da dependência da nicotina. Assim, a hipótese nula foi rejeitada em favor da hipótese alternativa.

ANOVA (3x2) Interação entre genes Teste do efeito principal para as hipóteses 3 e 4

Foi realizada uma ANOVA (3x2) para avaliar o efeito principal da interação entre as variantes dos genes metabolizadores lentos e normais da nicotina do *CYP2A6* com a variante *do gene CYP2B6*6* associada ao tipo de terapia (Bupropiona e NRT) no tratamento da síndrome de dependência da nicotina para as Hipóteses 3 e 4. Para a Hipótese 3, os resultados da ANOVA mostraram um efeito principal significativo para a interação entre as variantes do gene do metabolizador lento da nicotina e a variante do gene *CYP2B6*6* associada à terapêutica no tratamento da dependência da nicotina. Os efeitos principais das interações dos metabolizadores lentos da nicotina *CYP2A6*4A* e *CYP2A6*12A* com *CYP2B6*6* foram os mais significativos *CYP2A6*4A*, *F* (1, 50,2) = 134,49, *rf* parcial = 0,068, *p* < 0,001, e *CYP2A6*12*, *F* (1, 32.2) = 132,38, *rf* parcial = 0,059, *p* < 0,001, mostrando que essas variantes do gene da nicotina lenta *CYP2A6*4A* e *CYP2A6*12* tendem a ter um efeito principal maior do que *CYP2A6*6* no tratamento da dependência de nicotina. O quadro 17 apresenta o resultado da ANOVA que prevê um efeito principal de interação significativo entre *o CYP2A6*4A* e *o CYP2B6*6*, e *o CYP2A6*12A* e *o CYP2B6*6*, respetivamente.

Quadro 17

*ANOVA que prevê um efeito de interação principal significativo de CYP2A6*4A por CYP2B6*6 e CYP2A6*12A por CYP2B6*6*

Predicadores	df	F	*se*	p
CYP2A6*4A	1	4.88	0.006	.027
*CYP2B6*6*	1	1.45	0.001	.228

Bupropiona	1	2.206	0.003	.271
*CYP2A6*4A x CYP2B6*6 x*	1	134.49	0.068	.0001
Bupropiona				
Erro	50.2			
CYP2A6*12A	1	1.64	0.001	.002
*CYP2B6*6*	1	0.586	0.001	.444
Bupropiona	1	2.106	0.003	.221
*CYP2A6*12A x CYP2B6*6*	1	132.38	0.059	.0001
x Bupropiona				
Erro	32.2			

*Notado f grau de liberdade, f Partial Eta Square. *: $p < 0.001$*

Para a Hipótese 4, o resultado da ANOVA indicou um efeito principal de interação significativo entre as variantes dos genes *CYP26*1A* e *CYP2B6*6* do metabolizador normal da nicotina, F (1, 38,2) = 127,72 *tf* parcial = 0,065, $p < 0,001$ no tratamento da dependência da nicotina. O resultado mostrou que ambas as variantes gênicas tenderam a gerar um efeito principal maior no tratamento da dependência de nicotina. A Tabela 18 apresenta o resultado da ANOVA que prevê um efeito principal de interação significativo entre *CYP2A6*1A* e *CYP2B6*6*.

Quadro 18

*ANOVA que prevê um efeito de interação principal significativo de CYP2A6*4A por CYP2B6*6 e terapias*

Predicador	df	F	se	valor de p
*CYP2A6*1A*	1	1.105	0.001	.0001
*CYP2B6*6*	1	0.894	0.001	.345

Bupropiona	1	2.256	0.003	.112
*CYP2A6*1A x CYP2B6*6 x*	1	127.72	0.065	.0006
Bupropiona				
Erro	38.2			

*Nota. df: grau de liberdade: ƞ: Partial Eta Square. *:p < 0.001*

Resumo

A análise estatística dos dados mostrou que os quatro modelos eram significativos e que as quatro hipóteses nulas foram rejeitadas. As variantes do gene *CYP2A6* do metabolizador normal e lento da nicotina associadas à dependência da nicotina ou à síndrome de abstinência da nicotina tiveram um impacto significativo no resultado do tratamento da dependência da nicotina. Ao longo desta análise, todas as variantes genéticas (metabolizador lento ou normal da nicotina) associadas à síndrome de dependência da nicotina e à síndrome de abstinência da nicotina, bem como o tipo de terapêutica, estavam positivamente relacionadas com o resultado do tratamento da dependência da nicotina, indicando que o aumento do efeito de cada uma destas variantes genéticas aumentava proporcionalmente as probabilidades logarítmicas de sucesso do tratamento da dependência da nicotina. Entre todas as variantes genéticas, *a CYP2A6*4A* foi associada ao rácio de probabilidades mais elevado para o êxito do tratamento da dependência da nicotina.

Os resultados das Hipóteses 3 e 4 previam um impacto significativo da interação entre as variantes *do gene CYP2A6* do metabolizador normal e lento da nicotina e a variante *do gene CYP2B6*6* no resultado do tratamento da dependência da nicotina. Os resultados da ANOVA das Hipóteses 3 e 4 indicaram também um efeito de interação principal significativo entre as variantes do gene do metabolizador da nicotina *CYP2A6* e a variante *do gene CYP2B6*6* associadas ao tipo de terapia no tratamento da síndrome de dependência da nicotina.

O capítulo seguinte resume o estudo e apresenta as conclusões sobre os resultados. O Capítulo 5 também discute as implicações destes resultados para a mudança social, as limitações deste estudo e as recomendações futuras para a continuação da investigação nesta área.

Capítulo 5

Discussão

Introdução

Objetivo e natureza do estudo

Estudos recentes de epidemiologia genética e farmacogenómica associaram as variantes genéticas lentas e normais do *CYP2A6* e do *CYP2B6* à etiologia da dependência da nicotina. Estes estudos sugeriram a realização de inquéritos futuros para investigar o papel destas variantes genéticas no êxito do tratamento da dependência da nicotina (Bloom et al., 2013). A maioria destes investigadores indicou que os portadores de variantes do gene do metabolizador normal da nicotina tinham maior probabilidade de se tornarem dependentes da nicotina porque os metabolizadores normais da nicotina têm a capacidade de codificar enzimas que catalisam completamente o volume de nicotina inalado, predispondo os portadores a tornarem-se dependentes e a terem dificuldade em manter a abstinência. Isto contrasta com os indivíduos com metabolizadores lentos da nicotina (Kortmann et al., 2010).

Além disso, os dados de um estudo in vivo mostraram que os portadores de variantes genéticas funcionais do *CYP2A6* tinham um nível inalterado de cotinina, subproduto do metabolismo da nicotina, no plasma meia hora depois de lhes ter sido administrada nicotina, ao contrário dos portadores de variantes genéticas *do CYP2A6* suprimidas, que tinham um aumento da nicotina inalterada no plasma e na urina (Najikima et al., 2006). Embora houvesse mais provas sobre o papel da influência das variantes do gene primário da nicotina na dependência da nicotina, o seu papel no sucesso do tratamento da dependência da nicotina não era bem compreendido e fundamentado devido à complexidade da sua interação com outros factores genéticos e ambientais (Bloom et al., 2013). Por conseguinte, o objetivo deste estudo foi avaliar o benefício clínico das variantes lentas e normais do gene da nicotina.

Este estudo foi concebido para avaliar quantitativamente o impacto das variantes lentas dos genes *CYP2A6*1H, CYP2A6*4A, CYP2A6*9A, CYP2A6*12A* e *CYP2A6*1A* normal nos resultados do tratamento da dependência da nicotina associado a síndromes de dependência da nicotina e de abstinência da nicotina e ao tipo de terapia (bupropiona e terapias de substituição da nicotina [NRT]).

Além disso, o estudo avaliou quantitativamente o impacto da interação dos metabolizadores lentos e normais da nicotina com a variante do gene *CYP2B6*6* (um dos genes primários da nicotina) associada à dependência da nicotina e às síndromes de abstinência e ao tipo de terapia no tratamento da dependência da nicotina. O principal teste consistiu em determinar se as variantes do gene da nicotina *CYP2A6* poderiam afetar a probabilidade de resultados do tratamento da dependência da nicotina, uma vez que influenciam a dependência da nicotina aumentando ou diminuindo a sua absorção, distribuição e eliminação através da sua aptidão para metabolizar a nicotina (Hukkanen et al., 2005).

Embora cada vez mais estudos genéticos, epidemiológicos e farmacogenómicos sobre as variantes *do CYP2A6* tenham relacionado o comportamento tabágico com o desenvolvimento e o tratamento da dependência da nicotina, utilizando análises quantitativas e estudos laboratoriais em seres humanos (Ho et al., 2010), a capacidade de aplicar literalmente estes resultados na prevenção ou no tratamento da dependência da nicotina continua a enfrentar grandes desafios. O objetivo deste estudo é fornecer mais informações baseadas em evidências sobre as variantes do gene metabolizador da nicotina para melhorar o tratamento e a prevenção da dependência da nicotina no contexto do tratamento personalizado de doenças (Kortmann et al., 2010).

Para atingir este objetivo de investigação, o estudo teve como alvo os participantes que se tinham auto-identificado como pacientes reconhecidamente dependentes de nicotina e dispostos a deixar de fumar, numa série de estudos clínicos organizados pela Universidade de Wisconsin de 2001 a 2009 (NCBI, 2011). Os resultados deste estudo resultaram da análise de dados fenotípicos e genotípicos recolhidos nos estudos clínicos acima referidos, que foram analisados e equilibrados por idade, habilitações literárias, etnia e género, e outras caraterísticas de base (peso, altura e monóxido de carbono [CO]).

Os principais candidatos a variantes do gene da nicotina considerados foram *CYP2A6*1H, CYP2A6*4A, CYP2A6*9A* e *CYP2A6*12A*, conhecidos como genes que metabolizam 50 a 75% da nicotina inalada; *CYP2A6*1A*, metabolizador normal da nicotina, que codifica 100% da nicotina inalada; e *CYP2B6*6*, que pode interagir com o *CYP2A6* para influenciar o processo de metabolismo da nicotina. Este capítulo resume os resultados, as suas interpretações e implicações para a mudança social, as limitações deste estudo e as recomendações para a continuação da investigação nesta área (Kortmann et al., 2010).

Resumo das principais conclusões do estudo

Os principais resultados podem ser resumidos da seguinte forma: As variantes do gene da nicotina lenta foram associadas ao rácio de probabilidades mais elevado para o êxito do tratamento da dependência da nicotina. *O CYP2B6*6* interage com metabolizadores lentos e normais da nicotina para aumentar o sucesso do tratamento da dependência da nicotina. Especificamente, *o* metabolizador de nicotina *CYP2A6*4A* está associado ao rácio de probabilidades mais elevado para o êxito do tratamento da dependência da nicotina. Os testes realizados em grupos etários, grupos de habilitações literárias, etnias e géneros demonstraram diferentes rácios de probabilidades para os metabolizadores lentos da nicotina, indicando que estes factores demográficos influenciam o papel das variantes do gene da nicotina no êxito do tratamento da dependência da nicotina. O parágrafo seguinte resume os resultados deste estudo de acordo com as hipóteses.

Os resultados da hipótese 1 mostraram que os participantes portadores de uma destas variantes do gene metabolizador lento da nicotina, *CYP2A6*1H, CYP2A6*4A, CYP2A6*9A* e *CYP2A6*12A*, tinham 1,35, 1,46, 1,55 ou 1.60 vezes mais probabilidades de manter a abstinência 6 meses após o período de tratamento da dependência da nicotina, utilizando bupropiona e NRTs, e dos que tinham experimentado a síndrome de abstinência da nicotina, os participantes com estas variantes genéticas específicas tinham 1,35, 1,45, 1,54 ou 1,59 vezes mais probabilidades de manter a abstinência 6 meses após o tratamento. Por outro lado, os resultados da Hipótese 2 indicaram que os participantes portadores da variante normal do gene metabolizador da nicotina *CYP2A6*1A* tinham 1,35 vezes mais probabilidades de manter a abstinência 6 meses após o período de tratamento da dependência da nicotina, utilizando bupropiona e NRT, e os participantes que tinham sofrido a síndrome de abstinência da nicotina tinham 1,40 vezes mais probabilidades de manter a abstinência 6 meses após o tratamento.

As hipóteses 3 e 4 foram concebidas para testar a interação dos metabolizadores lentos e normais da nicotina e o impacto da variante genética *CYP2B6*6* associada às síndromes de abstinência e dependência da nicotina no êxito do tratamento da dependência da nicotina. Os resultados da hipótese 3 mostraram que os doentes portadores de uma das variantes específicas do metabolizador lento da nicotina (*CYP2A6*1H, CYP2A6*4A, CYP2A6*9A* e *CYP2A6*12A*) e da variante *genética CYP2B6*6* tinham 1,35, 1,47, 1,56 ou 1.61 vezes mais probabilidades de manter a abstinência durante o período de 6 meses pós-tratamento no tratamento da dependência da nicotina com bupropiona e NRT e, entre os que tinham sofrido a síndrome de abstinência da nicotina, os participantes com estas variantes genéticas específicas tinham 1,32, 1,44, 1,57 ou 1,70 vezes mais probabilidades de manter a abstinência durante o período de 6 meses pós-tratamento. Os resultados da Hipótese 4 indicaram que os doentes portadores de variantes dos genes *CYP2A6*1A* e *CYP2B6*6* metabolizadores normais da nicotina tinham 1,37 vezes mais probabilidades de manter a abstinência durante 6 meses após o tratamento e que os doentes que tinham sofrido a síndrome de abstinência da nicotina tinham 1,39 vezes mais probabilidades de manter a abstinência durante 6 meses após o tratamento.

Além disso, a avaliação quantitativa ANOVA do efeito principal da interação entre as variantes do gene do metabolizador da nicotina lento e normal do *CYP2A6* com a variante do gene *CYP2B6*6* associada ao tipo de terapia no tratamento da dependência da nicotina tendeu a ter um efeito principal maior no tratamento da dependência da nicotina. Especificamente, os testes estatísticos mostraram que os efeitos principais das interações dos metabolizadores lentos de nicotina *CYP2A6*4A* e *CYP2A6*12A* com *CYP2B6*6* foram os mais significativos (*CYP2A6*4A*, F (1, 50,2) = 134,49, partial *if* = 0,068, $p < 0{,}001$, e *CYP2A6*12*, F (1, 32,2) = 132,38, partial *if* = 0,059, $p < 0.001$); também foi encontrado um efeito principal de interação significativo entre as variantes genéticas *CYP26*1A* e *CYP2B6*6* do metabolizador normal da nicotina, F (1, 38,2) = 127,72 *rf* parcial = 0,065, p < 0,001, indicando que as variantes genéticas do metabolizador lento e normal da nicotina interferiram com o *CYP2B6*6* com eta quadrado *parcial if=0*,059 e 0,065, respetivamente, para aumentar o sucesso do tratamento da dependência da nicotina, tal como sugerido por Ring e Valdez (2007).

Interpretação dos resultados

Os resultados deste estudo confirmaram sugestões anteriores de que os participantes portadores de variantes do gene da nicotina lenta mantiveram a abstinência durante mais tempo do que os portadores de metabolizadores de nicotina normais no tratamento da dependência da nicotina. Biologicamente, a quantidade de 1,0-1,5 mg de nicotina metabolizada transita rapidamente pelo sangue e chega ao cérebro em 10 segundos para induzir sensações de prazer (Hukkanen et al., 2005). Por conseguinte, quaisquer factores biológicos e substâncias terapêuticas que possam reduzir a quantidade e a farmacocinética da nicotina podem aumentar a probabilidade de resultados do tratamento com nicotina (Stead et al., 2008). De facto, a maioria das estratégias terapêuticas baseia-se na diminuição da quantidade de nicotina inalada, a fim de diminuir a farmacocinética da nicotina para minimizar o efeito da nicotina no cérebro (Stead et al., 2008).

Metabolizadores lentos e normais da nicotina

Em geral, a minha revisão da literatura revelou que a maioria dos metabolizadores normais da nicotina estava associada a pontuações mais baixas de dependência da nicotina e de síndrome de abstinência, porque eram variantes de genes parcial ou completamente eliminados que codificavam parcialmente ou não tinham completamente a capacidade de codificar a enzima que metabolizava a nicotina inalada. Nakajima et al. (2006) e Ho et al. (2010) afirmaram que os principais estudos de caso-controlo revelaram que os indivíduos portadores de metabolizadores lentos da nicotina tinham 1,7 vezes mais probabilidades de deixar de fumar do que os não portadores. Por conseguinte, as pessoas que possuíam estes genes tinham menos probabilidades de se tornarem dependentes da nicotina e mais probabilidades de deixarem de fumar.

Neste estudo, os resultados da Hipótese 1 indicaram que as variantes dos genes *CYP2A6*1H, CYP2A64A*, CYP2A6*9, CYP2A6*12*, metabolizadores lentos da nicotina, associados à dependência da nicotina ou à síndrome de abstinência e ao tipo de terapêutica, têm um impacto significativo nos resultados do tratamento da dependência da nicotina, confirmando as sugestões de estudos anteriores de que as variantes dos genes metabolizadores lentos da nicotina podem aumentar a taxa de abandono do tabagismo. Os metabolizadores lentos da nicotina podem ser considerados como potenciadores positivos do tratamento da dependência da nicotina. A natureza deletada destes genes cria condições biológicas, fisiológicas e farmacogenómicas favoráveis que aumentam a probabilidade de deixar de fumar. Benowitz et al. (2006) afirmaram que os resultados de múltiplas experiências mostraram que alguns dos alelos *CYP2A6* codificam enzimas que não têm função (por exemplo, *CYP2A6*2, CYP2A6*4*), outros têm atividade reduzida (por exemplo *CYP2A6*9, CYP2A6*12*), reduzindo a sua capacidade de codificar enzimas suficientes para metabolizar a nicotina, pelo que melhoram a absorção da nicotina e previnem a dependência da nicotina, uma vez que os portadores de metabolizadores lentos da nicotina não podem ser sujeitos ao efeito da nicotina, que é a principal substância química dos cigarros ou do tabaco, indutora da dependência da nicotina.

O metabolizador normal da nicotina *CYP2A6*1A* catalisa cem por cento (100%) da nicotina, aumentando a libertação de cotinina no sangue, que chega ao cérebro com a velocidade e a quantidade necessárias para induzir uma sensação de prazer nos fumadores, predispondo-os para a dependência da nicotina (Hukkanen et al., 2005). Os resultados do teste da hipótese 2 associaram o metabolizador normal da nicotina *CYP2A6*1A* a uma razão de probabilidades baixa (OR = 1,35) no sucesso do tratamento da dependência da nicotina, em comparação com o metabolizador lento da nicotina *CYP2A6*4A*, mais deletado, (OR = 1,61), apoiando provas anteriores de que os metabolizadores normais da nicotina são um fator de risco genético na etiologia da dependência da nicotina.

Estudos anteriores também associaram a variante normal do gene *CYP2A6*1A* do metabolizador *da* nicotina a elevadas pontuações de dependência da nicotina e de síndroma de abstinência, e concluíram que as pessoas que eram portadoras tinham menos probabilidades de deixar de fumar em ensaios clínicos (Nakajima et al., 2006). O facto de as conclusões deste estudo terem associado o metabolizador normal da nicotina a uma razão de probabilidades baixa de sucesso no tratamento da dependência da nicotina, levou a que este estudo confirmasse e ampliasse as conclusões anteriores de que as variantes do gene do metabolizador normal da nicotina constituíam um fator de risco genético que poderia aumentar o resultado da dependência da nicotina e diminuir a probabilidade de sucesso do tratamento da nicotina.

No entanto, neste estudo, alguns metabolizadores lentos da nicotina (por exemplo, *CYP2A6*1H* e *CYP2A6*9A*) foram associados a rácios de probabilidades iguais ou inferiores aos dos metabolizadores normais da nicotina. Isto pode dever-se a outros factores que podem ser investigados em estudos futuros.

Impacto das interações genéticas no resultado do tratamento da dependência da nicotina

A estrutura do cromossoma 19q mostra que a posição do *CYP2B6* está próxima do *CYP2A6*, o que sugere que podem interagir (NCBI, 2012). De acordo com Russell (2002), nenhum gene se expressa sozinho como fenótipo, e sugeriu que os fenótipos são formados por padrões altamente complexos e integrados e por reacções de moléculas sob a direção de múltiplas funções de genes. De facto, a "epistasia" genética consiste na interação de muitos genes para expressar um fenótipo específico ou para desempenhar uma função específica (Russell, 2002). Ring e Valdez (2007) verificaram que a variante genética haplotípica do *CYP2B6* interage com o *CYP2A6* (p < 0,002 e 0,003) para eliminar a nicotina do organismo. Outra literatura revisada revelou que a enzima citocromo *P450 2B6* está implicada no metabolismo da nicotina e de drogas (National Center of Biotechnology Information [NCBI], 2012). No presente estudo, os resultados das Hipóteses 3 e 4 mostraram que os genes dos metabolizadores lentos e normais da nicotina interagem com o *CYP2B6*6* com um efeito principal maior para afetar significativamente o resultado do tratamento da dependência da nicotina.

Impacto na idade, educação, etnia e género

Idade. A constatação de um rácio de probabilidades mais elevado para os indivíduos com 61 a 80 anos (OR = 1,83, IC 95% [1,12-2,78], p = 0,002) e de um rácio de probabilidades mais baixo para os indivíduos com idades compreendidas entre os 31 e os 50 anos (OR = 1,57, IC 95% [1,20-2,02]) indicou que, entre os portadores do metabolizador lento da nicotina *CYP2A6*4A*, os indivíduos idosos tinham 0,26 vezes mais probabilidades de manter a abstinência do que os indivíduos mais jovens, confirmando as conclusões dos estudos seguintes. De acordo com Wynne (2005), as actividades de metabolismo hepático dos medicamentos diminuem nos idosos devido à diminuição do fluxo sanguíneo e do volume do fígado (Wynne, 2005), o que reduz o metabolismo da nicotina e as taxas de depuração, abrandando assim o efeito da nicotina. Hukkanen et al. (2005) verificaram que a taxa de depuração da nicotina nos idosos é de 23% (a depuração renal é reduzida em 23%), em comparação com uma taxa de depuração renal de 49% nos jovens adultos entre os 22 e os 43 anos de idade, o que sugere que a idade pode ser um fator biológico que pode aumentar a dependência da nicotina na população mais jovem, uma vez que aumenta a depuração renal da cotinina nos jovens fumadores.

Formação académica. Investigações anteriores tinham encontrado uma prevalência de tabagismo mais elevada (22%) em estudantes do ensino secundário do que em estudantes universitários, e 33% mais elevada em jovens adultos (18 a 44 anos de idade) do que em adultos mais velhos (44 anos de idade ou mais) (CDC, 2008, Remington, Browson & Wegner, 2010). Os testes realizados no presente estudo associaram, entre os portadores de variantes do gene *CYP2A6*4A* do metabolizador lento da nicotina, um rácio ímpar 1,3 (*OR* = 1,30) mais elevado de resultados bem sucedidos no tratamento da dependência da nicotina em estudantes universitários, em comparação com outros com diferentes habilitações académicas, confirmando que a educação pode ter um impacto nos resultados do tratamento da dependência da nicotina.

Género. AL Koudsi et al. (2010) descobriram, num estudo *in vitro,* que existe um nível 1,9 vezes mais elevado de atividade de ARNm *do CYP2A6*, um nível 2,0 vezes mais elevado de actividades de síntese proteica *do CYP2A6* e taxas 1,5 vezes mais elevadas de atividade de C-oxidação da nicotina nos microssomas do fígado humano das mulheres em comparação com os homens. Benowitz et al. (2006) administraram aos participantes infusões intravenosas de um isótopo marcado com nicotina e cotinina e, após a meia-vida da nicotina nos seus corpos, os resultados mostraram que as taxas de eliminação da nicotina eram 20% mais elevadas nas mulheres do que nos homens. Consequentemente, a constituição biológica das mulheres pode contribuir para que o metabolismo da nicotina em cotinina seja superior ao dos homens, tornando mais difícil para as mulheres deixarem de fumar. Este estudo encontrou, nos participantes portadores do metabolizador lento da nicotina *CYP2A6*4A*, uma razão de probabilidades mais baixa para as mulheres (*OR* = 1,27, 95% CI [0,93-1,75], $p < 0{,}001$) do que para os homens (*OR* = 1,86, 95% CI: [1,402,42]; $p < 0.001$), indicando que os homens tinham 0,59 vezes mais probabilidades de manter a abstinência 6 meses após o tratamento do que as mulheres, confirmando outras descobertas anteriores de que as mulheres estavam biologicamente mais predispostas à dependência do tabaco do que os homens.

Diferenças étnicas nas frequências de alelos CYP2A6. O achado entre os participantes que eram descendentes de caucasianos teve uma razão de chances mais alta para portar os genes *CYP2A6*4* metabolizador lento de nicotina (*OR* = 1,63, IC 95% [0,93-2,0] ; $p < 0{,}085$) do que descendentes de afro-americanos (*OR* = 1,59, IC 95% [1,28-1,98] ; $p = 0.001$), o que pode estar associado à diferença nas frequências alélicas nestas etnias, confirmando a afirmação de Ho et al. (2010) de que existe uma grande variabilidade interindividual na atividade das variantes *do* gene *CYP2A6* nos microssomas do fígado humano na expressão proteica do ARNm devido à diferença dos alelos *CYP2A6*4A* nas etnias.

Conclusões no contexto do estudo Quadro e constructo teórico

Este estudo baseia-se no princípio subjacente às interações gene-gene e gene-ambiente, sugerido pela teoria genética comportamental (TGC), segundo o qual existe uma correlação entre as interações gene-gene e gene-ambiente que contribuem para a etiologia da doença e o desenvolvimento da patologia comportamental (Bassett, 2008), o que aconselha a que o tratamento clínico da doença e da dependência de substâncias tenha em conta os factores de risco genéticos e ambientais. Por conseguinte, este quadro de estudo foi concebido para analisar as implicações gene-gene e gene-ambiente no tratamento da dependência da nicotina. Este estudo forneceu informações baseadas em provas de que as variantes do gene do metabolizador lento da nicotina aumentavam a probabilidade de êxito do tratamento da dependência da nicotina mais do que o metabolizador normal da nicotina; as variantes dos genes *CYP2A6* e *CYP2B6* tendiam a aumentar o seu efeito no tratamento positivo da dependência da nicotina e os factores demográficos, como a idade, a educação, as etnias e os géneros, influenciavam o resultado do tratamento da dependência da nicotina.

Limitações do estudo

O estudo utilizou uma abordagem de análise correlacional e não analisou a causalidade entre variáveis, tendo fornecido apenas a significância das associações entre variáveis dependentes e independentes. As análises estatísticas do estudo basearam-se em conjuntos de dados secundários que foram recolhidos parcialmente através de respostas auto-relatadas. Estes factores podem afetar a validade interna deste estudo (Frankfort-Nachimias & Nachimias, 2008). As alterações nos factores ambientais, sociais, culturais, económicos, de localização geográfica e demográficos que afectam a estrutura e a função dos genes noutras populações podem impedir a generalização dos resultados do presente estudo. A extrema variabilidade das variantes dos genes *CYP2A6* e *CYP2B6* entre etnias e a variabilidade das frequências dos genes também podem limitar a generalização destes resultados (Khoury et al., 2010). Os participantes neste estudo foram recrutados a partir da população de pessoas dependentes de nicotina que queriam ser tratadas, o que criou problemas de dimensão e poder da amostra reduzidos e de tamanho do efeito genético pequeno, que podem limitar a generalização dos resultados (Kortmann, L.G., Dobbler, C. J., Bizarro, L., & Bau, H. D. C. et al., 2010). Apenas dois subconjuntos de etnias (caucasianos e afro-americanos descendentes) foram representados neste estudo, o que limita a aplicação destes resultados a outras etnias.

No entanto, o estudo utilizou dados recolhidos em ensaios clínicos rigorosos, nos quais os dados do genótipo foram equilibrados com dados demográficos e caraterísticas de base. As pontuações de dependência da nicotina e as síndromes de abstinência dos participantes também foram determinadas, em parte, pela avaliação do monóxido de carbono (CO; NCBI, 2011). Os dados foram verificados manualmente e tratados estatisticamente para eliminar quaisquer problemas de replicação de dados, redundância e variáveis em falta, o que reforçou a validade interna e a exatidão dos resultados deste estudo. Este estudo é um dos estudos mais recentes que utilizam uma amostra muito maior de participantes em comparação com estudos anteriores, permitindo a deteção de efeitos de pequena dimensão frequentemente associados a um polimorfismo genético comum da nicotina (Cohen, 2008).

Recomendações para estudos futuros

Embora os resultados deste estudo possam ser utilizados para conceber um tratamento bem sucedido da dependência da nicotina, há ainda muitos obstáculos a ultrapassar para integrar plenamente os resultados na medicina individualizada e na prática da saúde pública. Por conseguinte, (a) o estudo deve ser replicado noutras populações com etnias mais diversas, (b) com amostras de maior dimensão e (c) utilizando mais conjuntos de alelos para testar outras interações gene-gene e gene-ambiente (Kortmann et al., 2010).

Implicações do estudo

O tabagismo continua a ser a principal causa evitável de doenças e mortes em todo o mundo e um fator de risco para a saúde que contribui para elevadas taxas de mortalidade por cancro do pulmão, doença coronária, doença pulmonar obstrutiva crónica e outras formas de cancro. Apesar dos progressos realizados nas intervenções de cessação tabágica, a maioria dos indivíduos dependentes da nicotina que procuraram intervenção continua a ter dificuldade em manter a abstinência, devido a múltiplos factores ambientais e biológicos (Ho et. al., 2010). Atualmente, existe uma falta de tradução do potencial clínico das variantes genéticas e da informação sobre os benefícios para a saúde para o tratamento e a avaliação dos problemas de saúde devido à complexidade dos factores genéticos e ambientais (Khoury et al., 2010). No entanto, os resultados do presente estudo fornecem informações baseadas em provas de que os metabolizadores lentos da nicotina tinham mais probabilidades de deixar de fumar do que os metabolizadores normais da nicotina, e geram provas de que estas variantes genéticas e *o CYP2B6* interagem para influenciar os resultados do tratamento da dependência da nicotina, a fim de induzir uma mudança social positiva a nível individual, familiar e social.

Os resultados deste estudo podem ser utilizados para melhorar a caraterização genética, o rastreio de genes e a interpretação dos resultados dos testes e facilitar o planeamento individualizado do tratamento da dependência da nicotina. Os resultados deste estudo podem também ajudar a melhorar a avaliação dos factores de risco genéticos da nicotina no diagnóstico e no tratamento. Benowitz et al. (2010) e Khoury et al. (2010) sugeriram que a compreensão do potencial clínico dos genes pode ajudar a avançar no tratamento individualizado da doença. Especificamente, as minhas descobertas poderiam motivar os pais a utilizar os resultados do rastreio e dos testes genéticos dos seus filhos para os orientar e aconselhar a evitar a exposição à nicotina (se forem portadores de metabolizadores normais da nicotina), uma vez que a maioria dos adultos dependentes da nicotina eram adolescentes que tinham sido expostos ao tabaco numa idade mais precoce (Remington, Brownson, & Wegner, 2010). Além disso, a terapia cognitivo-comportamental, que consiste em aconselhamento e intervenções motivacionais, também pode utilizar os resultados deste estudo como diretrizes de tratamento.

As conclusões deste estudo podem aumentar a sensibilização para os benefícios e riscos para a saúde das variantes do gene *CYP2A6* entre as partes interessadas da saúde pública, os profissionais de saúde, os decisores e prestadores de cuidados de saúde, os investigadores clínicos e os educadores. Este estudo fornece informações baseadas em dados concretos que podem promover campanhas de saúde sobre o tabagismo, informando a sociedade e a comunidade sobre a forma como a sua composição genotípica pode predispor para a dependência da nicotina e para as doenças relacionadas com o tabagismo, e pode fornecer opções de tratamento aos doentes. Os resultados deste estudo podem ser utilizados para alterar a perceção da herança dos genes da nicotina nas famílias que, sem o saberem, têm uma suscetibilidade normal para o metabolismo da nicotina (Khoury et al., 2010). De um modo geral, este estudo pode ajudar a diminuir a prevalência do tabagismo, reforçar o tratamento da dependência da nicotina e pode ajudar a reduzir o montante de dólares utilizados no tratamento do tabagismo e aumentar a força de trabalho saudável (CDC, 2008; Remington, Browson & Wegner, 2010).

Empiricamente, ficou claro que as variantes dos genes desempenham um papel importante na etiologia e no tratamento das doenças, uma vez que podem reforçar os anticorpos contra as doenças ou enfraquecer o organismo humano para as contrair. Como sugerido pela BGT, os genes e os factores ambientais são determinantes nas patologias biológicas e comportamentais das doenças, estabelecendo as bases para os conceitos e estratégias de medicina personalizada. A metodologia de tratamento personalizado deve ter sempre em conta as funções das variantes genéticas do paciente no diagnóstico e tratamento da doença (Khoury et al., 2010). Em particular, o tratamento personalizado da dependência da nicotina poderia ser mais eficaz se a função das variantes do gene da nicotina fosse tida em conta no plano de tratamento (Kortmann et al., 2010).

Resumo

Cohen (2003) confirmou que os factores ambientais e genéticos são determinantes fundamentais que desempenham um papel significativo no tratamento da doença. Os resultados deste estudo forneceram algumas provas que indicam que os metabolizadores lentos da nicotina têm um potencial clínico que pode aumentar a probabilidade de sucesso do tratamento da dependência da nicotina, sublinhando o facto de os genes influenciarem o tratamento da doença. Os resultados do estudo fornecem informações importantes que podem ser utilizadas para adaptar o tratamento individualizado, tal como sugerido por (Munafo et al., 2004).

Outras investigações sobre o potencial clínico das variantes dos genes metabolizadores lentos e normais em estudos farmacogenéticos sobre a cessação tabágica poderiam aumentar a utilização prática dos benefícios clínicos destes genes. No entanto, a informação baseada em provas encontrada neste estudo pode ser utilizada para promover o tratamento da dependência da nicotina utilizando testes e rastreios genéticos. As campanhas de saúde sobre a dependência da nicotina centradas nos genes poderiam diminuir a prevalência do tabagismo, conduzindo a importantes benefícios sociais, culturais e de saúde.

Referências

Ahijevych, K. L., Tyndale, R. F, Dhatt, R. K., Weed, H. G., & Browning, K. K. (2002). Factores que influenciam a semi-vida da cotinina durante a abstinência tabágica em mulheres afro-americanas e caucasianas. *Nicotine Tobacco Research, 4*(4), 423-431. Retirado de http://www.ncbi.nlm.nih. gov/PubMed/12521401

Ahluwalia et al. (2006).Os efeitos da pastilha de nicotina e do aconselhamento entre os fumadores ligeiros afro-americanos: A 2x2 fatorial design. *Addiction, 101*(6), 883-891. Recuperado de http://www.clinicaltherapeutics.com/m edline/record/ivp09652 140_101 _883

Al Koudsi, N., Hoffmann, E. B., & Assadzadeh, A. (2010). Hepatic cyp2a6 levels and nicotine metabolism: Impact of genetic, physiological, environmental, and epigenetic factors (Níveis hepáticos de cyp2a6 e metabolismo da nicotina: Impacto de factores genéticos, fisiológicos, ambientais e epigenéticos). *Jornal Europeu de Farmacologia Clínica, 66*(3), 239-251. Obtido em http://cat.inist.fr/?aModele = afficheN&cpsidt=22432161

Associação Americana de Psiquiatria. (2012). *O manual de diagnóstico e estatística das perturbações mentais*. Recuperado de http://www.psychiatry.org/practice/dsm

Anderson, E., J., Jorenby, E. D, Scott, J., W., & Fiore, M. C. (2000). An evidence-based clinical practice guideline for tobacco cessation. *Journal of the American College of CHEST Physicians, 121*(3), 932-941. doi:10.1378/chest.121.3.932

Bartlett, J., M. S., & Stirling, D. (2003). Uma breve história da reação em cadeia da polimerase. *PCR Protocols, 226*(4), 3-6, doi: 10.1385/1-59259-384-4:3

Bassett, T. J. (2008). *Uma introdução à genética do comportamento*. Sunderland, MA: Sinauer.

Benowitz, L., Herrera, B., & Jacob, P., III. (2004). O consumo de cigarros mentolados inibe o metabolismo da nicotina. *Journal Pharmacology and Experimental Therapeutics. 310*(3), 1208-1215, doi:10.1124/jpet.104.066902

Benowitz, N. L. (2010). Nicotine addiction. *New England Journal of Medicine, 362*(24), 2295-2303, doi: 10.1056/NEMra0809890

Benowitz, N. L., Swan, E. G., Jacob, P. P., Lessov-Schlaggar, C. N., & Tyndale, F. R. (2006).Cyp2a6 genotype and the metabolism and disposition kinetics of nicotine. *Clinical Pharmacology Therapy, 80*(5), 457-459, doi:10.1016/j.clpt. 2006.08.011

Berrettini et al. (2008). Os alelos da subunidade do recetor nicotínico alfa-5/alfa-3 aumentam o risco de tabagismo intenso. *Molecular Psychiatry, 13*, 368-373, doi: 10.1038/ sj.mp.4002154

Bertram, J. (2000). A biologia molecular do cancro. *Molecular Aspects of Medicine, 21 (6):* 167-223, doi: 10.1016/S0098-2997(00)00007-8.

Bloom, A. J., Martinez, M., Chen, L.S., Beirute, L. J., Murphy, S.E., & Goate, A. (2013). A variação não codificante *do CYP2B6* associada à cessação tabágica está também associada a diferenças na expressão alélica, no splicing e no metabolismo da nicotina, independentemente das alterações comuns dos aminoácidos. *PLoS ONE, 8*(11), doi:10.1371/journal.pone.0079700

Broadhurst, P. L. (1969-07-30). Psicogenética da emocionalidade no rato. *Anais do Academia de Ciências de Nova Iorque, 159* (3): 806-824, doi:10.1111/j.1749-6632.1969.tb12980.x. PMID 5260300

Browing, B. (2010). Software de utilidades do Beagle. Recuperado de http://faculty. ashington.edu/browning/beagle_utilities/utilities.html.

Cahill, K., Stead, L.F., & Lancaster, T. (2008). Agonistas parciais do recetor de nicotina para a cessação do tabagismo. *Cochrane Database System Riverview, 16* (3): CD006103 Obtido em http://onlinelibrary.wiley.com/

Capehart, T. (2007). Perspectivas do tabaco. Fact sheet. Factos económicos sobre os Estados Unidos.

Consumo de tabaco e tabaco Washington D.C. Departamento de Agricultura dos EUA (2007). Publicação TBS-262

Centros de Controlo e Prevenção de Doenças. (2005). Cigarette smoking among adults: United States, 2004. *Morbidity and Mortality Weekly Report, 54*(44), 1121-1148. Retirado de www.cdc.gov/mmwr/index2005.htm

Centro de Controlo e Proteção de Doenças. (2006). Consumo de cigarros entre adultos - Estados Unidos 2006. *Morbid Moral Weekly Report* 2007, *56*(44):1157-1161.
Obtido em http://www.cdc.gov/mmwr/preview/mmwrhtml/mm5644a2.htm

Centros de Controlo e Prevenção de Doenças. (2007). Consumo de cigarros entre adultos -

Estados Unidos, 2007. *MMWR (2008a),* 57 (45), 1221-1226. Obtido em http://www.cdc.gov/mmwr/preview/mmwrhtml/mm5745a2.htm
Centros de Controlo e Prevenção de Doenças. (2008). Mortalidade atribuível ao tabagismo, ano de vida potencialmente perdido e perdas de produtividade - Estados Unidos, 2000-2004. *MMWR (2008b),* 57 (45), 1226-1228. Recuperado de http://www.cdc.gov/mmwr/preview /mmwrhtml/mm 5745a3.htm
Centros de Controlo e Prevenção de Doenças. (2009). Fumo de cigarros entre adultos e tendências na cessação do tabagismo --- Estados Unidos, 2008.*Morbidity and Mortality Relatório Semanal, 58*(44), 1227-1232. Obtido em http://www.cdc.gov/mmwr /preview/mmwrhtml/mm5844a2.htm
Centro de Controlo e Prevenção de Doenças. (2011). Deixar de fumar entre adultos- Estados Unidos 2001-2010. *Morbidity and Mortality Weekly Report 2011*, *60*(44), 1513-19. Obtido em http://www.cdc.gov/mmwr /preview/mmwrhtml/ mm6044a2.htm
Centro de Controlo e Prevenção de Doenças. (2012). Sinais vitais: cigarro atual. Tabagismo entre adultos com idade >18 anos --- Estados Unidos, 2005-2010. *Relatório Semanal de Morbilidade e Mortalidade (MMWR)*, *60*(35), 1207-1212. Obtido em http://www.cdc.gov/mmwr/preview/mmwrhtml/mm6035a5.htm?
Checkwoay, H., Pearce, N., e Kriebel, David. (2004). *Método de investigação em epidemiologia ocupacional.* 2nd (eds). Nova Iorque, NY: Oxford Press Incorporation.
Cohen, N. (2008). *Farmacogenómica e medicina personalizada.* Edições. Louisville, KY. (2008) Human Press
Collins, F. S. (1999). *Medical and societal consequences of the Human Genome Project (Consequências médicas e sociais do projeto do genoma humano).* New England. *Jornal de Medicina*
Cordell, J. H. (2009). Detetar as interações gene-gene subjacentes às doenças humanas Instituto de Genética Humana. Universidade de Newcastle, Reino Unido *National Review of Genetics, 10*(6), 392-404, doi:10.1038/nrg2579
Danielson, P. B. (2002).The cytochrome P450 superfamily: biochemistry, evolution and drug metabolism in humans. *Current Drugs Metabolism.* *3*(6), 561-597, doi: 10.2 174/ 1389200023337054
Dempfle, A., Scherag, A., Hein, R., Beckmann, L., Chang-Claude, J., & Schäfer, H. (2008).Gene-environment interactions for complex traits: definitions, methodological requirements and challenges. *European Journal of Human Genetics*, *16*(1), 1164-1172, doi: 10.1038 /ejhg.2008.106
Denton, T. T., Zhang, X., & Cashman, J. R. (2004) Alcalóides e metabolitos relacionados com a nicotina como inibidores do citocromo humano P-450 2A6. *Biochemical Pharmacology,* 67(4):751-756. Obtido em http://www.ncbi.nlm .nih.gov/ pubmed/ 14757175
DiFranzam, J. R., Savageau, J. A., & Fletcher, K. (2004). Recollections and repercussions of the first inhaled cigarette. *Additive Behavior*, *29*(2), 261-272.
Doll. R., Peto, R., Boreham, J., & Sutherland, I. (2004). Mortality in relation to smoking: 50 years' observations on male british doctors. *England Medicine Journal*, *328*(1): 1519-33. doi:10.1136/bmj.38142.554479.AE
Dome, P., Lazary, J., Kalapos, M. P., & Rihmer, Z. (2009). Tabagismo, nicotina e distúrbios neuropsiquiátricos. *Neuroscience Behavior Reviews*. doi:10.1016/j.neubi orev.2009.07.013
Douek, D. C., Roederer, M., Koup, R. A. (2009). Conceitos emergentes na génese imunopática da SIDA. *Annual. Review of Medicine, 60* (1): 471-484, doi: 10.1146/ annurev.med.60.041 807 .123549
DuPont, J. (2011). Visão geral da Administração de Alimentos e Medicamentos dos EUA (FDA), novembro de 2011.
Obtido em http://www.fda.gov/downloads/Training/ Curso de formação de investigadores clínicos /UCM283299.pdf
Durcan M. J., Deener, G., White J., Johnson A. J., Gonzales, A. J., & Niaura, R. (2002). The effect of bupropion sustained-release on cigarette craving after smoking cessation. *Clinical Therapeutics*, *24*(4): 540-551. Recuperado em 24 de outubroth , http://drlung.com/wp - content/articles /SachsDurcan BuproprionSR2002.pdf
Eicher, T., & Hauptmann, S. (2003). *A química dos heterociclos: estrutura, reacções, síntese e aplicações.* (2ª ed.). John Wiley & Sons

Encyclopeida.com. (2012). Enzyme. Recuperado de http://www.encyclopedia.com/topic /Enzymes.aspx
Fiore, M.C., Coyle, R.T., & Curry, S. J. (2008). Prevenir três milhões de mortes prematuras e ajudar cinco milhões de fumadores a deixar de fumar. Um plano de ação nacional para a cessação do tabagismo. *American Journal of Public Health (2004), 14*(2):236-241
Foulds, J. (2006, p.1). A base neurobiológica do tratamento agonista parcial da dependência da nicotina: a vareniclina. *Interactional Journal of Clinical Practice. 60*(5), 571576. Recuperado de http://www.ncbi.nlm.nih.gov/pubmed /167 00857
Frankfort-Nachimias, C., & Nachimias, D. (2008). Métodos de investigação em ciências sociais. (Eds 7th). Nova Iorque, NY: Worth Publishers
Facto Forense. (2008). ADN - ácido desoxirribonucleico. Recuperado de http://forensicfact .wordpress.com/2008/03/24/dna-deoxyribonucleic-acid
Feero, W. G., Guttmacher, A. E., Collins, F. S. (2010). Medicina genómica - uma atualização cartilha. *N. Engl. J. Med. 362* (21): 2001-11, doi: 10.1056/NEJMra09071
Fujieda, M. (2004). Avaliação dos polimorfismos genéticos do CYP2A6 como determinantes do comportamento tabágico e do cancro do pulmão relacionado com o tabaco em fumadores japoneses do sexo masculino. *Carcinogenesis, 25*(12)2451-2458. Imprensa da Universidade de Oxford
Fuller, J. L., & Thompson, W. R. (1960). *Behavior genetics*. New York: John Wiley and Sons
Gauderman, W.J, & Morrison, J. M. (2007). QUANTO 1.1: Um programa de computador para cálculos de potência e tamanho de amostra para estudos genético-epidemiológicos. Obtido em http://hydra.usc.edu/gxe
Grigorenko, E. L., e Ravich-Shcherbo, I. (1997). Psicogenética russa. Em Grigorenko, E. L. Psicologia da Rússia: Passado, presente, futuro. Commack, NY: *Nova Science*. pp. 83-124.
Hajek, P., Stead, L. F., West, R., Jarvis, M., & Lancaster, T.(2009). Intervenções de prevenção de recaídas para deixar de fumar. *Instituto Wolfson de Medicina Preventiva*. Retrieved from http://www.ncbi.nlm.nih. gov/pubmed/19160228
Hall, C. S. (1951). *The genetics of behavior*. Em Stevens, S. S. *Handbook of Experimental Psychology*. pp. 304-329. 304-329.New York: John Wiley and Sons.
Hall, W., Madden, P., e Lynskey, M. (2002). The genetics of tobacco use: methods, findings and Policy implications. *Controlo da Nicotina,* 2002 junho; *11*(2): 119-124, doi: 10.1136/tc.11.2.119
Harrison, N. (2011). Cena da conferência. Relatório da conferência sobre farmacogenómica e medicina personalizada de 2011, Parte 1. *13*(2), 142-145. Obtido em http://www .ncbi.nlm.nih.gov/pubmed/22256866
Hatsukami, K. D., Stead, F. L., & Gupta, C. P. (2008). Tobacco addiction (Dependência do tabaco). *The Lancet, 371* (9629): 2027-2038.14 de junho de 2008, doi: 10.1016/S0140-6736(08)60871-5
Hukkanen, J., Jacob III, P., & Benefits, L. N. (2005). Metabolismo e cinética de disposição da nicotina. *A Sociedade Americana de Farmacologia e Experimental Therapeutics Pharmacology Review, 57*(13):79-115, 2005, doi:10.1124/pr.57.1.3
Huang W. L., & Li, M. D. (2009). A expressão alélica diferencial do gene do recetor D1 da dopamina (DRD1) é modulada pelo microRNA miR-504. *Biological Psychiatric, 65*(8), 702-705, doi: 10.1016/j.biopsych.2008.11.024
Hughes, J., R., Stead, L. F., & Lancaster, T. (2007).Antidepressants for smoking cessation. Revisão do sistema de bases de dados Cochrane: CD000031
Ho, M. K., & Tyndale, R. F. (2007). Overview of the pharmacogenomics of cigarette smoking. *The Pharmacogenomics Journal, 7*(1) 81-98, doi:10.1038/sj.tpj. 6500436
Ho, M. K., & Tyndale, F. R. (2008). Role of CYP2A6 genetic variation on smoking (Papel da variação genética do CYP2A6 no tabagismo). *The Pharmaco genomics Journal*, 3(1), 81-98. doi:10.1038/sj.tpj.6500436
Ho, M. K., & Tyndale, F. R. (2008). Papel da variação genética do CYP2A6 nos comportamentos tabágicos e implicações clínicas. *Sociedade Americana de Oncologia Clínica.* Obtido em *http://www.asco.org/ASCOv2/Home/Education% 20&%20 l%20Book/PDF%20 Files/2008/cancerprev 03.pdf*
Ho et al. (2009). Association of nicotine metabolite ratio and CYP2A6 genotype with smoking

cessation treatment in African-American light smokers. Clinical *Pharmacology Therapeutic, 85*(6),635-43. Obtido em http://www.ncbi.Nlm .nih.gov/pubmed/19279561

Ho et al. (2010). Quebrar barreiras na genómica e farmacogenética da toxicodependência. Sociedade Americana de Farmacologia Clínica e Terapêutica. *Ameri can Journal of Medical Genetics, Part153B*, 17-28, doi:10.1002/a jmg.b.30978

Ho., M., K. (2011). Impacto da variante genética CYP2A6 na nicotina e no comportamento tabágico numa população de fumadores ligeiros de ascendência africana negra. *Teses de Doutoramento das Bibliotecas da Universidade de Toronto*. Recuperado de https://tspace.library.utoronto.ca /handle/1807 /29746

Ingelman-Sundberg, M. (2005). Polimorfismos genéticos do citocromo p450 2d6 (cyp2d6): consequências clínicas, aspectos evolutivos e diversidade funcional. *Pharmacogenomics Journal, 5*(1), 6-13. Obtido em http://www .ncbi.nlm .nih.gov/pubmed/15492763

Johnstone, E., Benowitz, N., Cargill, A., Jacob, R., Hinks, L., & Day, I. (2006). Determinantes da taxa de metabolismo da nicotina e efeitos no comportamento tabágico. Farmacologia clínica e terapêutica, comportamento. *Clinical Pharmacology & Therapeutics, 80* (1), 319-330, doi:10.1016/j.clpt.2006.06.011

Jorde, L. B., & Wooding, S. P. (2004). Genetic variation, classification and race (Variação genética, classificação e raça). *Nature Genetics, 36* (11), S28-S33. doi: 10.1038/ng1435

Julio, L. & Ma-Li, W. (2002). *Farmacogenómica. The Searched for individualized therapies.Verlag GmbH Weinheim* (Alemanha) 2002: Wiley-Vch

Kalow, W. (2006). Pharmacogenetics and pharmacogenomics: origin, status, and the hope for personalized medicine. *Pharmacogenomics Journal, 6* (2), 162-165. doi:10.1038/sj.tpj.6500361

Katz H., M. (2011, p1). *Multivariable analysis a practical guide for clinicians and public health researchers (Análise multivariável, um guia prático para clínicos e investigadores de saúde pública*). (Eds, 3rd). Nova Iorque, EUA: Cambridge University Press.

Khoury, J., M., Brosian, R.S e Gwinn, M. (2010). *Epidemiologia do genoma humano*. (2nd Ends). NY, NY: Oxford University Press Inc.

Khoury, J., M. (2010). *Epidemiologia. Genómica em saúde pública. Centro de Doenças Controlo e proteção*. 1600Clifton Rd, Atlanta, GA 30333

Kortmann, L.G., Dobbler, C. J., Bizarro, L., & Bau, H. D. C. (2010). Pharmacogenetics of smoking cessation therapy. *American Journal of Medical Genetics Neuropsychiatric*, Part B *153B*, 17-28, doi:10.1002/ajmg.b.30978

Kropp, R.Y., & Haplern-Felsher, B. L. (2004). Adolescents beliefs about the risks invoked in smoking light cigarette. *Pediatrics, 114* (1), 445-451, doi: 10.1542/ peds.2004-0893

Kubota et al. (2006).Cyp2a6 polymorphisms are associated with nicotine dependence and influence withdrawal symptoms in smoking cessation. *Pharmacogenetics Journal*, *6* (2), 115-119, doi: 10.1038/sj.tpj.6500348.

Lee et al. (2007).O genótipo *CYP2B6* altera as taxas de abstinência num ensaio de cessação tabágica com bupropiona. *Biological Psychiatry*, *62*(6), 635-41.Retrieved from http://www.ncbi. nlm.nih.gov/pubmed/17223085

Le Gal et al. (2003).Diversidade de substratos ambientais selectivos para o citocromo P450 2A6 humano: alcoxiéteres, nicotina, cumarina, *N-nitrosodietilamina* e N-nitrosobenzilmetilamina. *Toxicology Letters, 144*(1), 77-91. Retrieved fromhttp://www.ncbi.nlm.nih.gov/pubmed/12919726

Lerman, E.C., Schnoll, A. R., & Manufo, R. M. (2007, pp1-2). Genetics and smoking cessation: improving outcomes in smokers at risk. *American Journal of Medicine*, *3*(6); S398-S405 doi: 10.1016/j.amepre.2007.09.006

LermanC., Jepson, C., Wiley, E. P., Patterson, F. R., Schnoll, F., Mroziewicz, M., Benowitz N., & Tyndale, R. F. (2010). A variação genética no metabolismo da nicotina prevê a eficácia da terapia transdérmica de nicotina de duração prolongada. *Clinical Pharmacology & Therapeutics,* (2010), *87* (5), 553-557. doi:10.1038/clpt.2010.3

Madan, et al. (2003). Effects of prototypical microsomal enzyme inducers on cytochrome P450 expression in culture human hepatocytes (Efeitos de indutores de enzimas microssomais prototípicas na expressão do citocromo P450 em hepatócitos humanos de cultura). *Drug Metabolism and Disposition, 31*(4), 421-431. Obtido em http://www.ncbi.nlm.nih.gov/pub med/12642468

McCarthy et al. (2008). A randomized controlled clinical trial of bupropion SR and individual

smoking cessation counseling. *Nicotine Tob Res*, 2008, *10*(4), 717-729, doi: 10.1080/146222 00801968343.
MacDougall, J.M., Fandrick, K., Zhang, X., Serafin, S.V., & Cashman, J. R. (2003). Inibição da oxidação microssomal do fígado humano da (s)-nicotina pelo (-)-mentol e análogos. *Chemical Research and Toxicology, 16*(8): 988-993, doi: 10.1124/jpet .104.066902
Malaiyandi, V., Sellers, E. M., & Tyndale, R. F. (2005). Implications of CYP2A6 genetic variation for smoking behaviors and nicotine dependence (Implicações da variação genética do CYP2A6 nos comportamentos tabágicos e na dependência da nicotina). *Clinical Pharmacology Therapy*, 77(3), 145-58.
Margaret, M., & Tyndale, F. R. (2010). Farmacogenética: Uma ferramenta para identificar factores genéticos na dependência de drogas e na resposta ao tratamento. Departamento de Farmacologia e Toxicologia da Universidade de Toronto. Recuperado de http://www .ncbi.nlm.nih.gov/pmc/articles/PMC3120126/
Margarida, M. (2009). O impacto do genótipo *CYP2A6* na cessação tabágica numa clínica de terapia de adesivos de nicotina alargada. Mestrado em Ciências do Departamento de Farmacologia. Universidade de Toronto. Recuperado de https://tspace. library.utor ontoca/bitstream/1807/18929/6/Mroziewicz_Margaret _200911 _MSc_thesis.p df
McNeil, J., Piccenna, L., & Ioannides-Demos, L. L. (2010). Smoking cessation-recent advances. *Cardiovascular Drugs and Therapy, 4*(24) 359-367, doi: 10.1007/s105 57-010-6246-8
Conselho de Investigação Médica. (2013). Realizações e impacto. *Smoking*. Obtido em http://www.mrc.ac.uk/Achievements impact/Storiesofimpact/ Smoking/index.htm
Mezzich, J. E. (2002). Inquéritos internacionais sobre a utilização da CID-10 e sistemas de diagnóstico relacionados. *Psychopathology, 35(*2-3), 72-75, doi: 10.1159/000065122
Molander et al (2000). Pharmacokinetics of nicotine in kidney failure (Farmacocinética da nicotina na insuficiência renal). *Clinical Pharmacology Therapy, 68*(3), 250-260. Obtido em http://www.ncbi.nlm.nih .gov/pubmed/11014406
Moritsugu, K. P. (2007).The 2006 report of the Surgeon General: the health consequences of involuntary exposure to tobacco smoke. *Jornal Americano de Medicina Preventiva, 32*(6):542-543. Recuperado de http://www.ncbi.nlm. nih.gov/pubmed/17533072
Mroziewicz, M., & Tyndale, F. R. (2010). Farmacogenética: Uma ferramenta para identificar factores genéticos na dependência de drogas e na resposta ao tratamento. *Addiction Science Clinical Practice, 5*(2), 17-29. Obtido em http://www.ncbi.nlm.nih. gov/pmc/articles/PMC3120126
Munafo, M. R., Clark, T. G., Johnstone, E. C., Murphy, M. F. G., & Walton, T. R (2004). A base genética do comportamento tabágico: A systematic review and metaanalysis. *Nicotine & Tobacco Research, 6* (4): 583-597, doi: 10.1080/146222004 10001734030
Murray, S. (2006). A smoking epidemic. *Canadian Medical Association Journal, 174*(3): 309-310.
Mwenifumbo, J. C. I & Tyndale, F. M. (2007). Variabilidade genética em Cyp2A6 e farmacocinética da nicotina. *Pharmacogenomics, 8*(10), 1385-1402, doi: 10.221 7/14622416.8.10.1385
Instituto Nacional do Coração, Pulmão e Sangue. (2010).What is COPD? *Institutos Nacionais de Saúde dos EUA*. Recuperado de http://www.nhlbi.nih.gov/health/health- topics/topics/copd/
Nakajima et al. (2006). Avaliação exaustiva da variabilidade do metabolismo da nicotina e dos alelos polimórficos cyp2a6 em quatro populações étnicas. *Clinical Pharmacology &Therapeutics, 80*(3), 282-286 Retrieved. http://dspa ce.lib .kanazawa-u.ac .jp/dspace bitstream/u.ac.jp/dspace /2297/2804/1/ME-PR /- NAKAJIMA-M-01.pdf
Instituto Nacional do Cancro. (2010). Relatório de progresso das tendências do cancro - atualização 2009/2010.
Bethesda, Maryland. *Centro Nacional de Doenças Crónicas*. Recuperado de http://progressreport.cancer.gov/
Centro Nacional de Informação Biotecnológica. (2011). A arquitetura genética do tabagismo e da cessação tabágica Acesso ao estudo dbGaP: phs000404.v1.p1. Recuperado de http://www.ncbi.nlm.nih.gov
Centro Nacional de Biotecnologia e Informação. (2012). CYP2A6 citocromo P450, família 2, subfamília A, polipeptídeo 6 [Homo *Sapiens*]. Recuperado em http://www. ncbi.nlm.nih.gov/sites/enters? Db=gene&Cmd= ShowDetailView& TermToSearch=1548

Nolin, T. D., Frye, R. F., & Matzke, G. R. (2003). Hepatic drug metabolism and transport in patients with kidney disease. *Americal Journal of Kidney Disposition, 42*(5), 906-925. Recuperado de www.ncbi.nlm.nih.gov/pubmed/ 14582035

Nowack, R. (2008).Interações entre ervas e medicamentos mediadas por enzimas do citocromo p450 e proteínas de transporte em doentes transplantados renais: sumo de toranja, hipericão - e mais! *Nephrology, 13*(4): 337-347. doi:10.1111/j.1440-1797.2008.00940.x

Obach, R. S. (2004). Inibição potente da aldeído oxidase hepática humana pelo raloxifeno. *Drug Metabolism and Disposition, 32* (1):89-97. Recuperado em 15 de março[th.] 2010 de http://dmd.aspetjjournals.og/content/32/1/89.full.pdf

O'Loughlin, J., & Kishchuk, N. (2007). Rethinking and reframing research on tobacco use in youth: reflections based in on on longitudinal investigation of Quebec adolescents. Drogue, Sante et société. *6*(1), i1-i20. Obtido em http://droguess. whc.ca/wp-content/uploads/2012/10/vol6_no1_2_ang.pdf

Parkinson, A., Mudra, R. D., Johnson, C., Dwyer, A., & Carroll, M. K. (2004). The effects of gender, age, ethnicity, and liver cirrhosis on cytochrome *P450* enzyme activity in human liver microsomes and inducibility in cultured human hepatocytes. *(3)* 193-209. Obtido em http://dx.doi.org/ 10.1016 /j.taap.2004 .01.010

Patterson et al. (2008). Toward personalized therapy for smoking cessation: a randomized placebo-controlled trial of bupropion. *Clinical Pharmacology & Therapeutics*, *84*(3), 320-325, doi:10.1038/clpt.2008.57

Piper et al (2004). Uma abordagem de motivos múltiplos à dependência do tabaco: O inventário Wisconsin de motivos de dependência do tabaco (WISDM-68). *Journal of Consulting and Clinical Psychology*, *72* (2), 139-154: Retrieved from http://www.ncb i.nlm. nih.go/ PubMed/15203807.

Piper et al. (2007) Efficacy of bupropion alone and in combination with nicotine gum. *Nicotine Tob Res.* 2007, *9*(9), 947-954. PMCID: PMC3030120.

Piper et al. (2008). Avaliação das dimensões da dependência da nicotina: An evaluation of the nicotine dependence syndrome scale (NDSS) and the Wisconsin inventory of smoking dependence motives (WISDM). *Nicotine Tobacco Research*, *10*(6): 1009-1020, doi: 10.1080/14622200802097563.

Piper et al. (2009).Um ensaio clínico aleatório controlado por placebo de 5 farmacoterapias para deixar de fumar. *Arch Gen Psychiatry*. 2009; *66*(11), 1253-1262. PMCID: PMC2933113.

Raj, K., B. (2004). *Um Livro de Texto de Química Orgânica*. (4ª Edição). New Age ternational

Remington, L., P, Brownson, C.R., & Wegner, V.M. (2010). *Epidemiologia e controlo das doenças crónicas*. Washington D.C.: Associação Americana de Saúde Pública

Ring, H. Z, & Valdes, A. M. (2007).Interações gene-gene entre CYP2B6 e CYP2A6 no metabolismo da nicotina. *Pharmacogenetics and Genomics, 17*(12), 1007-1015, doi:10.1097/01.fpc.0000220560.59972.33

Robert, J. S. (2011). *The Cambridge textbook of bioethics*. Cambridge Medicine: Cambridge University Press

Rose, J. R., Broms, U., Korhonen, T., Dick, M. D., & Kaprio, J. (2009). Genetics of smoking behavior. *Handbook of behavior genetics, Springers, pp.411-* 432. 2009, Parte IV, 411-432, doe: 10.100 7/978-0-387-76727-7_28

Schneider, J. M. (2006). *Introdução à Saúde Pública*. (2nd Eds, p249). Sudbury, M.A: Jones e Bartlett

Schoedel et al. (2004). Ethnic variation in CYP2A6 and association of genetically slow nicotine metabolism and smoking in adult Caucasians. *Pharmacogenetics, 14*(9), 615-26. Recuperado de http://www. ncbi.nlm.nih.gov/pubmed/15475735

Sellers, E. M., Tyndale F. R., & Fernandes, C. L. (2003). Diminuição do comportamento e do risco de fumar através da inibição do cyp2a6. *Drug Discovery Today*, *8*(11), 487-489. Obtido em http://www.sciencedirect.com/science/article/pii/S135964460302 704

Shiffman, S., Waters, A. J., & Hickcox, M. (2004). A escala da síndrome de dependência da nicotina: Uma medida multidimensional da dependência da nicotina. *Nicotine & Tobacco Research*, *6* (79):327-349. Obtido em http://www. psychology.pitt.edu/ research/publications/NDSS.pdf

Sim, C. S. (2012). A base de dados de nomenclatura de alelos do citocromo P450 (*CYP*) humano.

Obtido em http://www.cypalleles.ki
Simen-Kapeu, A. (2009). Estudo epidemiológico do consumo de tabaco e do papilomavírus humano. *Instituto Nacional de Saúde e Bem-Estar da Finlândia.* Obtido em http://www.nfog.org/ theses/Aline% 20thesis_2009.pdf
Slimmer, E. J., Martin B. R., & Imam, D. (2000). A bupropiona é um antagonista nicotínico. *Journal of Pharmacology and Experimental Therapeutics, 295*(1), 321-327. Obtido em http://jpet.aspetjournals.org/content/295/1/ 321.full.pdf+html
Smith et al. (2005). Genetic epidemiology and public health: hope, hype and future prospects (Epidemiologia genética e saúde pública: esperança, propaganda e perspectivas futuras). *Lancet 2005, 366* (9495), 1484-1498. Obtido em http://www.ncbi. nlm.nih.gov/pubmed/16243094
Shiffman, S., Waters, A. J., Hickcox, M. (2004). A escala da síndrome de dependência da nicotina: uma medida multidimensional da dependência da nicotina. *Nicotine & Tobacco Research.* 2004; *6*(2), 327-349. Obtido em http://www.ncbi.nlm.nih.gov /pubmed/150 65950
Stead et al. (2008). Terapia de substituição da nicotina para deixar de fumar. *Base de dados Cochrane System Reviews*: CD000146
Stigler, S. M. (2010). Darwin, Galton e o esclarecimento estatístico. *Journal of the Royal Statistical Society: Série A (Statistics in Society), 173* (3), 469-482.
Research, 189: 3-22, doi: 10.1111/j.146-985X.2010.00643.x
Stiles, J. (2011). Brain development and the nature versus nurture debate. *Progress in Brain Research*, 189, 3-22. doi:10.1016/B978-0-444-53884-0.00015-4.
Talhout, R., Opperhuizen, A., & van Amsterdam, G. C. (2007). Role of acetaldehyde in tobacco smoke addiction (Papel do acetaldeído na dependência do fumo do tabaco). *European Neuropsychopharmacology, 17*(10), 627636. Recuperado de http://dx.doi.org/10.1016/j.euroneuro.2007.02.013
O Dicionário Livre. (2012). *Os medicamentos antifúngicos, sistémicos.* Recuperado em 22 de outubro de 2012, de http://www.medical-dictionary.thefreedictionary.com/Antifungal+Drugs, +Systemic
Tomizawa, M., & Casida, J. E. (2003). Toxicidade selectiva dos neonicotinóides atribuível à especificidade dos receptores nicotínicos de insectos e mamíferos. *Annual Review of Entomology*, *48*(1), 339-364, doi.10.1146/annurev.ento.48.091801.112731
Uhl et al. (2008). Molecular genetics of nicotine of successful smoking cessation: convergent genome-wide association study results. *Archives of General Psychiatry, 65*(6), 683-93, doi: 10.1001/archpsyc.65.6.683.
Varela, M. A. & Amos, W. (2010). Distribuição heterogénea de SNPs no genoma humano: Microsatélites como preditores de diversidade e divergência de nucleotídeos. *Genomics, 95* (3), 151-159, doi: 10.1016/j.ygeno.2009.12.003.PMID 20026267
Verdes et al. (2011). Smoking genes': um estudo de associação genética. *PLoS ONE, 6*(10), e26668, doi,10.1371/journal.pone. 0026668
Wang, L. (2010). Farmacogenómica: uma abordagem sistémica. *Wiley Interdiscipline Review of Systemic Biological Medicine*, *2* (1), 3-22. doi: 10.1002/wsbm.42. PMID 20836007
Wang et al. (2003).Redução substancial do risco de adenocarcinoma do pulmão associada ao polimorfismo genético no CYP2A13, o citocromo P450 mais ativo na ativação metabólica do carcinogéneo específico do tabaco NNK. *Cancer Research,* 2003, *63*(22), 8057-8061. Obtido em http://www.ncbi.nlm.nih.gov/pubmed/ 14633739
Winickoff et al. (2003).Investigação e actividades de controlo do tabaco entre os jovens nos Estados Unidos: The current national landscape. *Nicotine & Tobacco Research,* (agosto de 2003), *5*(4), 435-454. Obtido em http://www.ncbi.nlm.nih.gov/pubmed/ 12959780
White, V. M., White, M.M., Freeman K. Gilpin A. E., &Pierce, P. P. (2006). Ofertas promocionais de cigarros: Who takes advantage? *Jornal Americano de Medicina Preventiva,* (2006), *30*, 225-231
Willard, H. W., e Ginsburg, G. S. (2009). *Medicina Genómica e Personalizada.* (Eds). Imprensa Académica
Organização Mundial de Saúde. (2002). Estatísticas sobre o tabagismo - ficha informativa. Recuperado de http://www.wpro.who.int/media_centre/fact_sheets/fs_20020528.htm
Organização Mundial de Saúde. (2006) Porque é que o tabaco é uma prioridade de saúde pública? Organização Mundial de Saúde: Iniciativa sem tabaco 2006. Obtido em http://www.who. int/ tobacco/health/en/index.html

Organização Mundial de Saúde. (2009). Relatório da OMS sobre a epidemia global do tabaco, 2009; Implementação de um ambiente sem fumo Genebra, Suíça. Retirado de http://whqlib.who.int

Organização Mundial de Saúde. (2012).Centro de media: tabaco. Recuperado de http://www. who.int/mediacentre/factsheets/fs339/en/index.html

Organização Mundial de Saúde. (2012). Observatório Mundial da Saúde (GHO). Controlo do tabaco Retrieved from http://www.who.int/gho/tobacco/en/

Wynne, H. (2005). Drug metabolism and ageing. *Menopause International 11*(2): 51-56 doi: 10.1258/ 136218005775544589

Xian et al. (2007). Subtipos de dependência da nicotina: Associação com história de tabagismo .critérios de diagnóstico e perturbação psiquiátrica em 5440 fumadores regulares da Registo de gémeos da era do Vietname. *Addiction Behavior*, 2000, *32*(1), 137-147. Obtido em http://www.ncbi.nlm.nih.gov/ pubmed/16647217

Xia, X. Y., Peng, R. X., Yu, J. P., Wang, H., & Wang. J. (2002). Caraterísticas metabólicas in vitro do citocromo P-450 2A6 em microssomas hepáticos chineses. *Ata Pharmacoloca Sinica, 23*(5), 471-476. Obtido em http://www .ncbi.nlm.nih.gov /pubmed/11978200.

Xu, C., Goodz, S., Sellers, E. M., Tyndale, R. F. (2003). Variação genética do CYP2A6 e potenciais consequências. *Advance Drug Delivery Review, 54* (10): 1245-56, doi: 10.1016/S0169- 409X(02)00065-0

Yamanaka et al. (2004). Perfil metabólico da nicotina em indivíduos cujo gene cyp2a6 foi eliminado. *Jornal Europeu de Ciências Farmacêuticas, 22*(5), 419-25. doi:10.1016/j.ejps.2004.04.012

Apêndice

Apêndice A Cartas de pedido de conjuntos de dados

Caro Dr. Anderson,

Solicito a cooperação da Universidade Walden, através de V. Exa. como Investigador Principal, no processo de recolha de dados para testar a minha hipótese, uma vez que a política de pedido de dados do fornecedor de dados (Instituto Nacional de Saúde) para os dados necessários à realização da minha investigação exigia o aval da instituição do estudante de doutoramento. Inseri nesta proposta o modelo de formulário de acordo de utilização de dados que deve ser assinado pela instituição, para além do IRB, para o pedido de dados. A pessoa de contacto para os NIH é o Dr. Jonathan D. Pollock e as suas informações de contacto são:

Chefe da Secção de Investigação em Genética e Neurobiologia Molecular
Divisão de Neurociências Básicas e Investigação Comportamental
Institutos Nacionais de Abuso de Drogas
60001 Execute Blvd. Rm 4103
Bethesda, MD 20892
Tel. 301-453-1309
Fax. 3101-594-6043
Correio eletrónico. jpollock@mail.nih.gov

Obrigado pela vossa consideração. Se necessitarem de mais informações, fornecê-las-ei.

Com os melhores cumprimentos,
Yawo M Akrodou
yawo.akrodou@ waldenu.edu

ACORDO DE UTILIZAÇÃO DE DADOS

Este Acordo de Utilização de Dados ("Acordo"), em vigor a partir de ("Data Efectiva"), é celebrado por e entre ("Destinatário de Dados") e ("Fornecedor de Dados"). O objetivo deste Acordo é fornecer ao Destinatário de Dados acesso a um Conjunto de Dados Limitado ("LDS") para utilização em investigação, de acordo com os Regulamentos HIPAA e FERPA.

Definições. Salvo especificação em contrário no presente Acordo, todos os termos em maiúsculas utilizados no presente Acordo que não estejam definidos de outra forma têm o significado estabelecido para efeitos dos "Regulamentos HIPAA" codificados no Título 45, partes 160 a 164 do Código de Regulamentos Federais dos Estados Unidos, tal como alterado periodicamente.

Preparação da FDS. O Fornecedor de Dados deve preparar e fornecer ao Destinatário de Dados uma FDS de acordo com quaisquer Regulamentos HIPAA ou FERPA aplicáveis

Campos de dados no LDS. Não podem ser incluídos identificadores diretos, tais como nomes, no Conjunto Limitado de Dados (CDD). Ao preparar o CDG, o fornecedor de dados deve incluir os campos de dados especificados a seguir, que são o mínimo necessário para realizar a investigação (enumerar todos os dados a fornecer): .

Responsabilidades do destinatário dos dados. O Destinatário dos dados concorda em:

Utilizar ou divulgar o FDS apenas conforme permitido por este Contrato ou conforme exigido por lei;

Utilizar salvaguardas adequadas para impedir a utilização ou divulgação do FDS para além do permitido pelo presente Acordo ou exigido por lei;

Comunicar ao Fornecedor de Dados qualquer utilização ou divulgação do LDS de que tenha conhecimento que não seja permitida pelo presente Contrato ou exigida por lei;

Exigir que qualquer um dos seus subcontratantes ou agentes que recebam ou tenham acesso ao LDS concordem com as mesmas restrições e condições sobre a utilização e/ou divulgação do LDS que se aplicam ao Destinatário de Dados ao abrigo deste Acordo; e

Não utilizar as informações contidas na FDS para identificar ou contactar as pessoas em causa.

Utilizações e divulgações permitidas da FDS. O Destinatário dos dados pode utilizar e/ou divulgar a FDS apenas para as suas actividades de Investigação.

Prazo e rescisão.

Prazo. O termo do presente Contrato terá início na Data Efectiva e continuará enquanto o Destinatário de Dados mantiver o LDS, a menos que seja rescindido antecipadamente conforme estabelecido no presente Contrato.

Rescisão pelo destinatário dos dados. O Destinatário de Dados pode rescindir este acordo em qualquer altura, notificando o Fornecedor de Dados e devolvendo ou destruindo o LDS.

Rescisão pelo Fornecedor de dados. O Fornecedor de dados pode rescindir o presente acordo em

qualquer altura, mediante um aviso prévio por escrito de trinta (30) dias ao Destinatário de dados.

Por violação. O Fornecedor de Dados deve fornecer uma notificação por escrito ao Destinatário de Dados no prazo de dez (10) dias após qualquer determinação de que o Destinatário de Dados violou um termo material deste Acordo. O Fornecedor de Dados deve dar ao Destinatário de Dados a oportunidade de sanar a alegada violação material em termos mutuamente acordados. A falta de acordo sobre os termos mutuamente acordados para a cura no prazo de trinta (30) dias será motivo para a rescisão imediata deste Acordo pelo Fornecedor de Dados.

Efeito da cessação. As Secções 1, 4, 5, 6(e) e 7 do presente Acordo sobreviverão a qualquer cessação do presente Acordo ao abrigo das subsecções c ou d.

Diversos.

Alteração da legislação. As partes acordam em negociar de boa fé a alteração do presente acordo, a fim de o adaptar às alterações da legislação federal que alterem substancialmente as obrigações de uma ou de ambas as partes no âmbito do presente acordo. No entanto, se as partes não conseguirem chegar a acordo sobre uma ou mais alterações mutuamente aceitáveis até à data de cumprimento da alteração da legislação ou regulamentação aplicável, qualquer das partes pode denunciar o presente acordo, conforme previsto na secção 6.

Construção dos termos. Os termos do presente Acordo devem ser interpretados de forma a dar efeito à orientação interpretativa federal aplicável relativamente aos Regulamentos HIPAA.

Ausência de terceiros beneficiários. Nada no presente Acordo conferirá a qualquer pessoa, para além das partes e dos seus respectivos sucessores ou cessionários, quaisquer direitos, recursos, obrigações ou responsabilidades.

Contrapartes. O presente Acordo pode ser celebrado em uma ou mais vias, cada uma das quais será considerada um original, mas todas juntas constituirão um e o mesmo instrumento.

Títulos. Os títulos e outras legendas do presente Acordo destinam-se apenas a conveniência e referência e não devem ser utilizados na interpretação, interpretação ou aplicação de qualquer das disposições do presente Acordo.

EM TESTEMUNHO DO QUE, cada um dos abaixo assinados fez com que o presente Acordo fosse devidamente assinado em seu nome e por sua conta.

FORNECEDOR DE DADOS	RECEPTOR DE DADOS
Assinado:	Assinado:
Nome em letra de forma:	Nome em letra de forma:
Título para impressão:	Imprimir azulejo:

Pacote de dados A solicitado ao NIH

O estudo utilizou conjuntos de dados de genótipo e fenótipo recolhidos a partir de ensaios clínicos de cessação da nicotina organizados para indivíduos dependentes de nicotina que procuram tratamento de cessação em Madison e Milwaukee, WI, EUA. Foram recolhidas amostras de mais de 9000 fumadores adultos com idades compreendidas entre os 18 e os 80 anos (NCBI, 2011) como participantes em ensaios clínicos aleatórios organizados pela UW-TTURC entre 2001 e 2009. Cerca de 2.575 indivíduos foram incluídos em ensaios clínicos aleatórios que envolviam diferentes tratamentos medicamentosos. Outros

2.000 participantes doaram amostras de sangue para estudos genéticos (NCBI, 2011). O pedido de autorização para obter os conjuntos de dados necessários foi dirigido ao National Institutes of Health. Os conjuntos de dados recebidos foram utilizados de acordo com o contrato de utilização de dados acima referido. Devido às regras de confidencialidade, a identificação do conjunto de dados e o número de embargo não podem ser mencionados aqui. As amostras de instrumentos de medição da dependência da nicotina para recolha de dados fenotípicos podem ser consultadas no Anexo B. Trata-se de materiais do domínio público.

Apêndice B Instrumentos de medição da dependência da nicotina

I-Síndrome de dependência da nicotina (Escala NDSS)

INSTRUÇÕES: Leia atentamente cada afirmação e assinale com um círculo o número que melhor descreve a sua experiência com os cigarros. Se já foi fumador, responda às questões perguntas relativas ao período em que fumou cigarros.

	1 De modo algum verdadeiro	2 Um pouco Verdadeiro	3 Moderado Verdadeiro	4 Muito Verdadeiro	5 Extremamente verdadeiro
ndss1_1: Depois de não fumar durante algum tempo, preciso de fumar para aliviar a sensação de inquietação e irritabilidade	1 0	3 0 4	0 35	4 0	5 0
ndss1_2 Sempre que fico sem fumar durante algumas horas, sinto desejos.	1 0	3 0 4	0 35	4 0	5 0
ndss1_3 Depois de não fumar durante algum tempo, preciso de fumar para não sentir qualquer desconforto	1 0	34 0 2\	0 35	4 0	5 0

II- Motivação para fumar Questionário do inquérito por amostragem WISDM

Escala de Motivações para Fumar para o WISDM

Abaixo encontram-se uma série de afirmações sobre o consumo de tabaco. Por favor, classifique o seu nível de concordância com cada uma delas utilizando a seguinte escala. Se for um antigo fumador, responda às perguntas relativas ao período em que fumou cigarros

Não é verdade para mim

1 2 3 4 5 6 7

Extremamente verdadeiro em relação a mim

1	A maior parte das vezes, gosto do sabor dos cigarros.	1	2	3	4	5	6	7
2	Fumar impede-me de ganhar peso.	1	2	3	4	5	6	7
3	Fumar melhora o bom humor.	1	2	3	4	5	6	7
4	Se eu fumar sempre num determinado local, é difícil estar lá e não fumar.	1	2	3	4	5	6	7
6	Muitas vezes fumo sem pensar nisso.	1	2	3	4	5	6	7

Curriculum Vitae

Yawo Akrodou

EDUCAÇÃO

Doutoramento em Saúde Pública - Epidemiologia
2014
Walden University, Minneapolis, Minnesota
Interesses de investigação: Epidemiologia Genética e Molecular
Tópico da dissertação: Papel do Polimorfismo dos Genes *CYP2A6* na Individualização
Tratamento da dependência da nicotina
Mestrado em Gestão da Investigação Clínica (previsto para 2016).
Foco na monitorização de ensaios clínicos e farmacologia
Walden University, Minneapolis, Minnesota
Certificado de Graduação em Bioinformática
University of Maryland University College (previsto para 2016)
Ênfase na interpretação de dados genéticos utilizando análises sofisticadas de sequências de ADN, ARN e proteínas e ferramentas de reconhecimento de padrões e computação de ADN
Certificado de Graduação em Gestão de Sistemas de Informação
2008
Universidade DeVry, Chicago, IL
Ênfase na aplicação prática e na experiência prática para cuidar tanto da infraestrutura de tecnologia da informação de uma organização como das pessoas que a utilizam e da gestão do sistema de informação
Master of Business em Gestão de Sistemas de Informação
2007
DeVry University, Chicago, Illinois
Concentrações: Aplicação de sistemas informáticos de cuidados de saúde e
Estratégia de gestão, gestão de tecnologias informáticas e base de dados
Conceção e gestão.
Bacharelato em Informática e Pré-Medicina
2004
Universidade George Washington, Washington DC
Concentrações: Construção e teste de software,
Bioinformática, Biotecnologia, Southern Blotting, Marcação de ADN,
Polimorfismo de polimerase de fragmento de restrição (RFLP) e reação em cadeia da polimerase

DISTINÇÕES E PRÉMIOS

Membro da Sociedade de Honra Nacional Golden Key

2013-presente
Lista de Decanos (6 semestres)
1997-1998
Membro do Clube Tutorial NVCC
1997-1999

EXPERIÊNCIAS PROFISSIONAIS E FORMAÇÕES

Especializações e formações em Epidmiologia

2009-20014
Universidade Walden Minneapolis, MN

- **Epidemiologia das doenças infecciosas**
- Foco nas doenças infecciosas e agudas, taxonomia e estrutura, modos de transmissão, infecciosidade, patogenicidade, virulência, incubação, métodos de investigação de vigilância na população em doenças diarreicas, hepatites virais, doenças sexualmente transmissíveis, VIH/SIDA, organismos transmitidos pelo ar e por vectores.
- Projeto relevante: *Visão geral das doenças da febre maculosa das Montanhas Rochosas*
- **Epidemiologia social e comportamental**
- Ênfase na avaliação de estudos de ocorrência e distribuição de doenças sociais, comportamentais e psiquiátricas, utilizando a aplicação de modelos básicos de investigação epidemiológica. Estudo de condições sociais, comportamentais e psiquiátricas em todos os grupos etários; e a relação entre factores socioculturais e questões comportamentais individuais ou comunitárias.
- Projeto Relvant: *Comparação da prevalência do tabagismo entre os jovens do 9° ano12 nos EUA, em áreas comparáveis que utilizaram diferentes estratégias de controlo do tabaco.*
- **Epidemiologia Ambiental e Ocupacional**
- Avaliação dos efeitos na saúde de agentes físicos, biológicos e químicos no ambiente e informação baseada em provas sobre exposições. Conceção de estudos, avaliação da exposição, definição de resultados e fontes de enviesamento.
- Projeto relevante: *Radão residencial e cancro do pulmão*
- **Epidemiologia das doenças crónicas**
- Estudos epidemiológicos de doenças crónicas, cancro, doenças cardiovasculares, doenças neurológicas e diabetes. Centra-se nos principais factores de risco que afectam as doenças crónicas, na vigilância das doenças crónicas e na avaliação das intervenções de prevenção das doenças crónicas.
- Projeto Relvant: *Análise do Programa de Rastreio do Cancro de Base Comunitária*
- **Epidemiologia molecular e genética**
- Incidência nos fundamentos da epidemiologia molecular e genética, incluindo marcadores moleculares de exposições ambientais, aplicações à avaliação de riscos, marcadores genéticos de suscetibilidade e panorâmica do Projeto Genoma Humano, testes genéticos, interação gene-ambiente e farmacogenómica.
  Projeto relevante: *Interação do Polimorfismo dos Genes do Citocromo P450 CYP1A1 com os Hidrocarbonetos Aromáticos Policíclicos do Tabaco para Aumentar os Factores de Risco de Cancro do Pulmão.*
- **Métodos de campo e análise de dados em epidemiologia**
- Formação em técnicas e recursos necessários para conceber e realizar com êxito a parte de campo de uma investigação epidemiológica, incluindo recrutamento e formação de pessoal; técnicas de contagem e enumeração; metodologias de enumeração; recrutamento, retenção e acompanhamento de sujeitos; armazenamento e gestão de dados; e questões gerais relativas a instrumentos de inquérito.
  Projeto relevante: *Laboratório EpiInfo: Análise de dados categóricos no EpiInfo*

Receção e serviços de proteção

2003-2009
Associação da Rua Onze LL Manhattan, NY

- Processar as chegadas e partidas dos hóspedes e tratar de todos os pagamentos necessários.
- Tratar e coordenar a atribuição de quartos e as chegadas antecipadas.
- Tratar das preocupações dos hóspedes.
- Oferecer encaminhamento para serviços e tratar de pedidos de informação.
- Ajudar no check-in e check-out dos clientes de grupos e excursões.

Pessoal assistente, Centro de Carreira

2000-2003
Universidade George Washington, Washington, D.C.

- Manutenção da página Web do centro de transporte, introdução de dados e tarefas administrativas
- Compilar e classificar os anúncios de emprego para os estudantes. Ajudar os estudantes na sua procura de emprego.
- Manter o sítio Web do centro de carreiras através da publicação de anúncios e do anúncio de feiras de emprego, apresentações e informações relevantes.
- Registar e receber convidados em feiras de profissões. Acompanhar a métrica de colocação profissional dos alunos

Especialização e formação académica em Biologia
1998-2003
Universidade George Washington, Washington, D.C.

- **Microbiologia**
- Trabalho de laboratório sobre as células, a estrutura dos tecidos, a fisiologia, a ecologia, a patogénese e a biotecnologia dos microrganismos.
- Projeto de investigação realizado: *Resistência aos antibióticos de Salmonella Spicies*
- **Biologia para licenciados em ciências com laboratório**
- Moléculas, células, organismo humano, nutrição e metabolismo, hereditariedade, doenças genéticas, infecções bacterianas e virais, imunidade, biotecnologia na medicina e nos alimentos.
- Projeto relevante: *Visão geral sobre infecções bacterianas e virais*
- **Bioquímica com Laboratório**
- Análise das estruturas de macromoléculas biológicas, catálise enzimática, bioenergética celular e metabolismo, recorrendo a técnicas experimentais comuns utilizadas nos laboratórios de ciências da vida para separar e caraterizar macromoléculas biológicas.
- **Biologia celular**
- Foco na estrutura e função dos organelos biológicos e celulares.
- **Química Orgânica com** Laboratório
- Análise estrutura, preparação, propriedades e reacções das principais classes de compostos orgânicos
- Foco nos princípios de estereoquímica, mecanismos de reação e métodos espectroscópicos de análise e prática em competências de síntese, separação, purificação e identificação de compostos orgânicos teracção.
- **Estudo aprofundadoBiologia celular/molecular**
- Investigação e trabalho de laboratório sobre teorias, técnicas e procedimentos associados à biologia molecular; os tópicos incluem a biossíntese de ADN, ARN e proteínas, relações entre estrutura, função e expressão; e métodos tradicionais e modernos de caraterização e monitorização de genes e proteínas Projectos relevantes. *Visão geral das técnicas de tipagem e análise de DNA*
- **Genética**
- Ênfase na integração da transmissão de caraterísticas genéticas e na base molecular da ação dos genes. Inclui também citogenética, regulação genética e exemplos de aplicação atual da tecnologia genética.
  Projeto relevante: *Estudo de Traços Genéticos e Técnicas Moleculares em Drosophila e E.coli*
- **Biotecnologias:**
- Foco na engenharia genética de bactérias, plantas e animais, incluindo seres humanos. Aplicações da biotecnologia moderna, especialmente no domínio da biotecnologia médica, como a terapia genética, a xenotransplantação e o projeto do genoma humano.
  Projeto Realizado: *Regulamentação dos Genes Humanos e Impacto Social da Biotecnologia.*
- **Bioinformática**
- Ênfase na conceção e utilização de técnicas computacionais em genética, biotecnologia e biologia; algoritmos e software para alinhamento de sequências, pesquisa de semelhanças de sequências em bases de dados, previsão estrutural, inferência.
- Projeto realizado: *Pesquisa na base de dados pública do genoma; visão geral das ferramentas e pacotes de pesquisa*

Tutor académico
1998-2000
Northern Virginia Community College, Alexandria, V.A.

- Orientar os alunos em matérias específicas de matemática, biologia, física e programação informática, e integrar estratégias de estudo e aprendizagem para promover a aprendizagem autónoma.
- Participar no seminário de formação de tutores, com a duração de dez horas.
- Participar nas sessões de controlo e nas sessões de observação e avaliação.

- Preencher e apresentar atempadamente o formulário "Presença e resumo da sessão".

Médico e auxiliar de enfermagem
1997-1999
Agência S.N.I. McLean, VA

- Acompanhamento dos doentes e assistência aos enfermeiros e médicos.
- Monitorizar os doentes e comunicar aos enfermeiros e médicos qualquer comportamento e sintomas anormais.
- Assistir os enfermeiros e os médicos na prestação de cuidados aos doentes.
- Informar a enfermeira ou o médico sobre o estado de saúde do paciente.

Auxiliar de Dia Prolongado
1996-2000
Alrington, VA

- Ajuda no desenvolvimento e implementação do programa global.
- Trabalha em estreita colaboração com o pessoal do local e da escola.
- Explicações, ajuda nos trabalhos de casa, acompanhamento académico individual e em pequenos grupos. -
- Ajuda nas actividades recreativas e de enriquecimento com pequenos e grandes grupos.
- Participa em reuniões regulares do pessoal e em acções de formação periódicas.
- Ajuda na preparação e limpeza diárias.
- Ajuda a manter os registos necessários para a administração do programa.
- Desempenha outras funções que lhe sejam atribuídas.

Assistente de biblioteca
1996-1997
Nothern Virginia Community College, Alexandria, VA

- Emprestar e recolher livros, periódicos, cassetes de vídeo e outros materiais nos balcões de circulação.
- Introduzir e atualizar os registos dos alunos nos computadores.
- Processar novos materiais, incluindo livros, materiais audiovisuais e software informático.
- Classificar livros, publicações e outros itens de acordo com o procedimento estabelecido e devolvê-los às prateleiras, ficheiros ou outras áreas de armazenamento designadas.
- Localizar materiais de biblioteca para os alunos, incluindo livros, periódicos, cassetes, volumes e imagens.
- Instruir os alunos sobre como utilizar fontes de referência, catálogos de cartões e sistemas de informação automatizados.

Associado de vendas do Walmart
1995-1996
Alexandria, Virgínia

- Efetuar transacções de vendas, que podem incluir a operação de caixas registadoras.
- Assegurar que todos os produtos ou mercadorias são colocados nas suas respectivas áreas.
- Ajudar os clientes a localizar mercadorias ou a encontrar alternativas adequadas.
- Participar em reuniões periódicas da equipa.
- Comunicar com os gestores relativamente às preocupações dos clientes e aos assuntos dos empregados.
- Cumprimentar os clientes com um comportamento positivo.

FORMAÇÕES RELEVANTES

- Certificado SAS de Conclusão de Cursos.2014
- UMDJ Nova Jersey: Formação de Especialista em Tratamento da Dependência do Tabaco. 2012
- Chiron Training New Jersey: Formação em Análise de Negócios2011
- KRC: Formação em Gestão de Dados Clínicos2008

-

COMPETÊNCIAS E QUALIFICAÇÕES

- Aplicações: MS Visio, MS Project, MS Office Suite, Internet, Excel, SQL Plus.
- Programação: C, Java, C++, SAS e linguagem de montagem.
- Pacote estatístico: Business Work Sheet, Epiinfo, Plink-1.07 e SSPS.
- Fluente em francês e inglês

ACÇÕES DE VOLUNTARIADO

Revisor de resumos para
2012-2014
Associação Americana de Saúde Pública Washington, DC
Colégio Americano de Epidemiologia, Raleigh, NC

- Reviu mais de 40 resumos relacionados com o estudo epidemiológico

- Fornecer atempadamente um feedback escrito e imparcial sobre os méritos académicos e o valor científico do trabalho, juntamente com a base documentada da opinião do revisor
- Indicar se a redação é clara, concisa e pertinente e classificar a composição, o rigor científico, a originalidade e o interesse do trabalho para os leitores da revista
- Evitar comentários ou críticas pessoais
- Manter a confidencialidade do processo de revisão: não partilhar, discutir com terceiros, ou divulgar informações sobre o documento analisado
- Assistência a médicos e enfermeiros no Centro Médico de Nova Jersey2013-2014 Serviço de Urgência
- Conselheiro do Campo de Recreação do Parque de Arlington VA1996-2000

ASSOCIAÇÕES PROFISSIONAIS

- Membro da Associação Americana de Saúde Pública 2008-presente
- Membro do Colégio Americano de Epidemiologia 2010-presente
- Membro da Associação de Profissionais de Tecnologia da Informação 2010-Atual
- Associação de Saúde Pública da Cidade de Nova Iorque 2012-presente

APRESENTAÇÕES E PUBLICAÇÕES

- Akrodou M. Y. (2014). Papéis do polimorfismo do gene CYP2A6 no tratamento individualizado da dependência de nicotina. Tese de dissertação de doutorado. Walden University outono de 2014. Recuperado de https://order.proquest.com/OA_HTM L/pqdtibeCCtpBuyRoute.jsp
- Akrodou M.Y. CYP2A6 Polymorphisms May Strengthen Individualized Treatment for Nicotine Dependence (Polimorfismos do CYP2A6 podem reforçar o tratamento individualizado da dependência da nicotina). *Scientifica.* Volume 2015 (2015), Artigo ID 491514, 7 páginas http://dx.doi.org/10.1155/2015/491514
- Akrodou YM (2015) Genome Sequencing Practices and the Future of Clinical Research (Práticas de sequenciação do genoma e o futuro da investigação clínica). MOJ Saúde Pública 2(3): 00027. DOI: 10.15406/mojph.2015.02.00027
- Akrodou, M.Y. (2012).Prevenção de doenças transmitidas pela água e gestão pós-erradicação da doença do verme da Guiné Apresentado em Wordpress.com. http://www.slideshare.net/makrodou/waterborneinfectiousdiseases1r
- Akrodou et al. (2009).Comparação da Prevalência do Tabagismo nos graus 9-12 nos EUA, em áreas comparáveis que utilizaram estratégias diferentes de controlo do tabaco. Universidade de Walden. Programa de Doutoramento. outono de 2009. http://www.slideshare.net/makrodou
- Akrodou Yawo. M.(2011).Counting Our Blessings. O que é o sucesso? SlideShare. Recuperado de http://www.slideshare.net/makrodou

MIX
Papier aus verantwortungsvollen Quellen
Paper from responsible sources
FSC® C105338

Printed by Books on Demand GmbH, Norderstedt / Germany